JN086067

ある日、森の中でクマさんのウンコに出会ったら

ツキノワグマ研究者のウンコ採集フン闘記

小池伸介

辰巳出版

はじめに

あなたが本州や四国の森でハイキングをしているとき、大きなウンコに出会ったらどうするだろうか？

直径は約10㎝、ハエもたかっているし、形からして明らかにウンコだとわかる。このサイズには見覚えがあるはずだ。そう、人間のそれである。そこで真っ先にあなたと同じくハイキングにやってきた人間の狼藉を疑うだろう。

公共心と正義感にあふれたあなたなら、

「何とマナーの悪いハイキング客だ。きれいな自然を汚しやがって！」と憤りつつ、腰を屈めて穴を掘ってそれを片付けようとするかもしれない。

ところが、そこでふと気づく。周りに紙がないのだ。よほど余裕がなかったと見える。しかしいったいどうやって尻を拭いたのだろうか？　さぞかし困り果てたことだろう……などと思いを馳せるうちに違和感は増すばかりだ。

いや、ちょっと待て。いつもトイレに流してるのってこんな粘土みたいな質感だっけ？　しかもいったい何を食べればこんなグレーっぽい色になるのか？

まじまじ観察しようと息がかかりそうなほど顔を近づけた瞬間、あなたはある決定的な事実に気づくのだ。

「臭くない！」

ということは人間の仕業ではない。しかし、サイズは人間のと同等か、それ以上だ。あなたは怖れおののきながらこう自問する。何か巨大なケモノがこの森に潜んでいるということなのか!?

その通り。ウンコの主はツキノワグマである。

ならばそのウンコに私が遭遇したらどうするか。まず、視界に入った瞬間に早足になる。周囲と樹上、地面を見回してクマの痕跡を探る。歩きながら森の植生やその時期に実を付ける植物を頭に浮かべながら、クマが何を食べていたのかあたりを付ける。ウンコのそばに着いたらジッパー付きの保存袋を手袋にして拾う。

この時点で、クマがいつごろフンをしたのかも、そのウンコが何を食べて出たものなのかもほぼ見当がついている。回収したら持ち帰って冷凍庫で保管の後、タイミングを見て解凍し、内容物を分析するだろう。

ウンコを入れる袋を持っていなかったら？ その場で解体して中身を確認し、結果をメモするまでだ。そうそう、持ち帰るかどうかにかかわらず、遭遇場所や周りの様子や環境をメモして、ウンコの写真を撮るのを忘れてはならない。

完全プライベートで妻子とピクニック中だとしても？ もちろんやる。

奇特な男だと思われるかもしれないが、私はツキノワグマの研究者である。今日まで25年以上、こうやって３０００個以上のウンコを捌いてきたのだ。４年で大学を卒業できたのも、博士号を取れたのも、定職にありつけたのもウンコのおかげだ。そして集めたウンコたちに導かれるように、ツキノワグマと森林の秘密に挑んできたのである。

もともとクマが好きで研究を始めたわけではない。

たまたま卒論で扱うことになり、「ここをもっと調べてみたい」という思いが強まり、そうこうしているうちクマの魅力と奥深さにどっぷりハマり、気がついたら研究者になっていたのだった。

そして、私は同時に森の生態系全般の専門家でもある。だから研究対象は、森林に

暮らすほかの哺乳類や植物、昆虫など広範囲にわたる。

研究者と聞くと、白衣を着て試験管片手に研究室で実験に明け暮れるような人を思い浮かべるかもしれないが、私がやっているのはほとんどがフィールドワークと呼ばれる野外での調査である。森の中の道なき道を行き、ロープを使って崖を下り、野生のクマを捕獲して吹き矢で眠らせ、ときには小型飛行機に乗って空を飛ぶ。まるで探検家である。

いったいどんな研究をしているのか、やる気のない大学生だった私がどういういきさつで研究の道に進み、大学教員にまでなってしまったのか。そして、長年のクマ研究からどのようなことがわかってきたのか。その道のりを一冊の本にまとめてみることにした。

1章から5章までは、クマの「種子散布」というテーマで研究を始めてから、その成果がまとまるまでの話をしよう。

1章では大学時代のクマとのなれそめ、2章では研究生活を通じてずっと行っているクマの捕獲と追跡調査、3章ではクマの食の謎に迫った修士論文を経て研究の面白さに目覚めるまで、4章は、大学院時代の動物園やクマ牧場での実験の日々、5章ではGPSを使った追跡調査とクマの種子散布研究の結末を語る。

6章ではアメリカとロシアでのフィールドワークで見てきた驚くべきクマと人々の話を、7章では、私だけでなく研究仲間や学生たちが取り組むクマ研究の最前線を紹介しよう。

8章では、クマのウンコが森においてどんな存在なのかを明らかにした研究の紹介とともに、私がこよなく愛するクマとその住処である森への想いを語りたいと思う。

クマについての一般的なイメージは両極端だ。ディズニー映画や絵本に出てくるようなかわいい姿を愛されたかと思えば、人を襲う恐ろしい猛獣として憎まれ忌み嫌われたりもする。近ごろでは、悪い意味でクマがマスコミを騒がせることも多くなってきた。

だからこそ、この本を読んだ皆さんに、クマという動物の本当の姿が伝わればいいと願っている。そして、さまざまな動植物が複雑に関係しあう森の豊かさを知ってもらえたらこれ以上嬉しいことはない。

ついでに今日もクマのウンコを探して森林を行く私たちのことも、頭の片隅にとどめていただければ幸いである。

もくじ

1章

ウンコを集めて卒論を書く　15

2章
俺はクマレンジャー 59

3章

先生!! 研究がしたいです……

4章

激闘！クマ牧場

5章

タネまくクマ

6章
海外武者修行の旅

1章 ウンコを集めて卒論を書く

16

1999年夏、大学3年生の私は山梨の山中で道なき道を泳ぎさまよっていた。

歩くのではなく、泳ぐ。うっそうと群生するササや低木の海をかきわけて進む「藪漕(やぶこ)ぎ」では、足が地面につかないのだ。だから、歩くのではなく泳ぐような格好になる。

深いところに踏み込むと場所によっては顔が藪に埋もれることもあり、方向感覚すらおかしくなりそうだ。道に迷って遭難したり、足下に崖や沢があるのに気づかず転落したりする危険すらある。スマホもタブレットもないから、頼りは地図と方位磁針だけである。死にたくなければ位置確認は欠かせない。

森によっては、藪に棘(とげ)のあるキイチゴやタラなども混じる。半袖を着ていたらすぐに血まみれになるだろう。真夏で汗だくになろうとも長袖・長ズボンを着なければいけない。厚手で丈夫な素材であればなお安全だが熱中症が心配だ。

藪の中には当然虫もいる。ダニに刺されるのは日常茶飯事。奴らはササのような低木の上で、動物が通るのを待ち構えている。蚊はもちろんブユやアブにも刺されるし、知らないうちにクロスズメバチの巣を踏んでしまい、刺されたこともしょっちゅうだ(クロスズメバチは思ったほど痛くなかった)。ヒルがいなかったのだけは不幸中の幸いなのかもしれない。

整備された登山ルートを通るわけではないので山小屋はない。トイレに行きたくなったら空の下で用を足すしかないし、大きいほうをしたくなってもトイレットペーパーは自然に分解されにくいので、持ち帰らなければならない。

まだ二十歳（はたち）の人生一番楽しい盛りだったはずの私は、なぜこんな辛い思いをして山に入り、何をしていたというのか。

クマのウンコを探していたのである。

私の卒論のテーマはクマの食性解析だった。そう書くと難しそうだが、不真面目な私の発想は食レポと同じだった。野生のクマさんのウンコを拾い、それをバラしてピンセットで食べ物の破片を拾い上げ、何を食べたのかをレポートする、以上終わり！と。浅はかなのは百も承知。そんな浅はかな卒論も山ほどいっぱいウンコを集めて書けば単位ぐらいもらえるだろう、という魂胆（こんたん）だった。

しかし、ウンコはひとつも見つからず頼みの数が集まらない。早くも「留年」の二文字が頭をちらつき始めた。一度山に入れば数キロやせる過酷な真夏のウンコ探しだが、まったく割に合わず、疲れと焦りだけが募っていた。

ターゲットはツキノワグマ

ところで、私が卒論の研究対象に選んだのはツキノワグマだ（本書では基本的にツキノワグマのことを「クマ」と表記する）。そこで、まずはこれまでわかっているツキノワグマの基礎知識についてざっくりとおさらいしておきたい。

日本の森には2種類のクマが生息している。北海道にいるヒグマと、本州と四国にいるツキノワグマである。なお、九州にもかつてはツキノワグマが生息していたが、1950年代前後に絶滅したと推定され、長年にわたって生息は確認されていない。

ツキノワグマは大人のオスが60～150kg、大人のメスで40～80kg、立ち上がったときの身長は1～1.5m程度である。人間の体格よりやや小さく、ずんぐりさせたような姿をしている。ちなみに、日本のヒグマは最大で体重400kg、立ち上がると3mにも達する個体もいる。（6章参照）

ツキノワグマの見た目の大きな特徴は、なんといってもその名の由来となった胸元の「月の輪」だ。全身のほとんどは真っ黒な毛に覆われているが、胸元だけ三日月状の白い毛が生えている。しかし、この月の輪の形は個体によって大きく違い、なかにはまったく白い毛のない個体もいる。

クマは足の裏全体を地面に付けて歩くので２本足でも立てる

そのずんぐりした体形からは想像しにくいが、ツキノワグマは木に登ることができる。前足と後ろ足の先には鋭い鈎爪(かぎづめ)が生えていて、それを木の幹に突き立てることで木に登って葉や実を食べたり、樹上で休憩したりする。

ツキノワグマもヒグマも雑食性の動物である。北海道のお土産の、サケをくわえた木彫りのヒグマの印象が強すぎて誤解されがちだが、実は食べ物のメインは植物なのだ。ただ、植物には旬があるため、季節によって食べるものが違う。

クマの食べ物には地域差があるが、関東とその近辺のツキノワグマの食べ物はこんな感じだ。まず、冬眠明けは地面に落ちているブナ科の果実類(以降、ドングリとする)や、冬の間に死んだニホンジカの死体を食べる。その後、春になって植物の新芽が出たり花が咲いたりすれば、それを食べる。

しかし、植物の葉はそのうち硬くなって消化しにくくなる。そこで、初夏はサクラ(ヤマザクラやカスミザクラ)の実やキイチゴ類を食べる。マムシグサと呼ばれるテンナンショウ類も食べることがある。夏はアリやハチなどの昆虫も食べる。

夏から秋にかけては、さまざまな植物の実が実るようになる。そうなると、ウワミズザクラやオニグルミ、ドングリ、ヤマブドウや、サルナシと呼ばれるキウイフルーツの野生種も食べるようになる。

クマが人を襲うニュースが報道されるたび、クマは人間を食べる動物なのだとイメージされがちだが、原則として食べるために生きた人間を襲うことはない。ただし、死体は食べるかもしれない。

　クマは冬眠する動物として知られている。地域にもよるが、だいたい11月から12月ごろに冬眠を始め、翌年の3月から5月ごろに冬眠を終える。その間、クマは飲まず食わずで過ごし、妊娠したメスは冬眠中に1〜2頭の子どもを出産する。冬眠中に生まれた子どもは、生後1年半くらいまでは母親と一緒に過ごす。

　では、クマの繁殖期はというと、5月から8月である。この時期に交尾をするが、受精卵は晩秋に着床する。これを着床遅延と

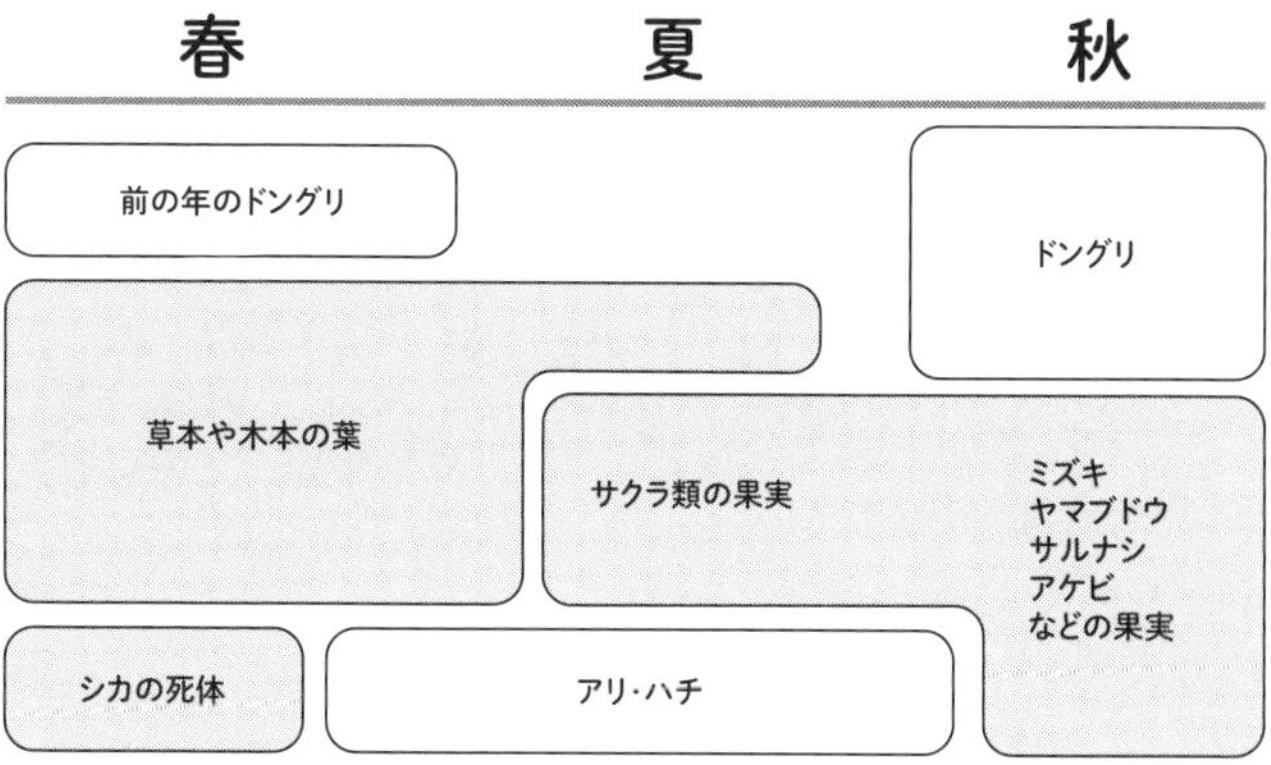

春　夏　秋

前の年のドングリ
ドングリ
草本や木本の葉
サクラ類の果実
ミズキ
ヤマブドウ
サルナシ
アケビ
などの果実
シカの死体
アリ・ハチ

クマの主な食べ物。季節ごとに変わる

いう。もし、秋に十分な栄養を蓄えられなければ、受精卵は着床できないといわれているが、このあたりのメカニズムは多くが謎のままだ。出産を冬眠中に飲まず食わずの状態で行うため、冬眠前に十分な栄養が蓄えられていないと出産できないような仕組みに進化したと考えられている。

クマのウンコは無臭ときどき食材の香り

私が通っていた東京農工大では、3年生になると研究室に配属され、それぞれが専門とする分野を学んでいくことになる。私は森林の生物の生態を研究する研究室に入った。自分なりに興味があったからだが、決して自ら進んで勉強をするほど熱心だったわけではない。まあ、不真面目な学生だったと思う。

だから卒論のテーマを決めるときも迷わず楽そうなテーマを選んだ。その時代は動物の糞分析をして何を食べているか、つまり食性を調べて卒論や修論を提出して学位を取っている人がいた。

「ウンコなんか調べなくても、動物が食事しているところを観察すれば何を食べているかわかるじゃないか」

当然そんな疑問もわくだろう。この方法ならどんなものを食べたかだけでなく、食べた量もわかる。ただ、クマのような野生動物の場合、森の奥深くで人目を避けて生活しているから観察ができない。当時は食性を調べるには、糞分析しか方法がなかったのである。

クマは先行研究が少なく、読むべき論文も少ない。クマの食性解析の先行研究を調べると、ウンコを2年で190個程度拾って、その分析を行った論文があった。しかもそれは修士論文である。この論文では飼育個体を使った栄養分析も行っていたが、そのころの私にとって大学院生は雲の上の存在だった。修士課程の過酷さも知らず、当然ながら飼育実験の大変さもまったく理解していなかった（あとで嫌というほど思い知らされるのだが）。そのため、自分が理解できる糞分析のページだけを見て、「修士論文の糞分析で190個なら、この数よりも多くウンコを拾って分析すれば、卒論なんて楽勝じゃね？　少なくとも単位は取れる」と、その程度の考えでひたすら拾いまくることにしたのだった。

こんなことを書くと、読者の中にはきっと、

「ウンコを嬉々として拾うだなんて、どんだけ変態なんだよ」とツッコミを入れたくなる人もいることだろう。だが、クマのウンコというのは見た目こそ直径約10㎝とク

ソでかいが、意外なことに悪いニオイはあまりないのだ。いわば粘土の塊みたいなものなのである。

クマのウンコからはいわゆるウンコ臭さよりも、食べた物のにおいがする。特にツキノワグマは雑食とはいえ、ほとんど植物を食べているため、桜の花や実を食べたあとに出たウンコは桜餅のようなにおいがするし、植物の葉を食べたときのウンコは、お茶の葉のようなにおいがするのだ。どちらかといえばいい香りがすることもある。サルナシに至ってはそのまま出てきてキウイフルーツのにおいがする。ドングリを食べた場合は、粘土質のずっしりとした質感になる。

岩手県のツキノワグマはリンゴ園のリンゴを食べることがある。現地でクマを研究している人とこんな話をしたことがある。

「リンゴを食べたあとに出るウンコは、見た目も香りもリンゴジャムそのものなんですよね。なめたらジャムの味がするのではないかなと思って……」

「食べたの？」

「はい、食べました」

「まじで⁉ ジャムの味した？」

ところが残念ながら、見かけ倒しでほとんど味がなく、ジャムにはほど遠かったそ

うだ。

昆虫少年からクマ研究の道へ

今ではクマ研究者となった私だが、別に昔からクマが好きだったわけではない。そもそも、私は昆虫少年だったのだ。多くの子どもが昆虫を好きになるものだが、ほとんどは小学生で卒業してしまう。

私は高校生になっても細々と昆虫採集を続けていて、昆虫やそれを取り巻く森という環境に興味を持つようになっていた。そういうわけで、大学では森の野生動物について学びたいと考えていたのだが、今のようにインターネットが普及しているわけではなかったので、どこの大学に行けばそれを学べるのかはまったく見当がつかなかった。そこで当時教育実習に来ていた先生に、

「野生動物について学ぶにはどこの大学に行けばいいんですか？」と聞いてみた。それで、その実習生からもらった大学リストの中に東京農工大学があり、そこに進学することになったのである。

大学では、森の野生動物を研究している古林賢恒先生が、調査に連れていってくれ

る自主ゼミを開いていた。これは私にとって専門家と一緒に山に入れるまたとないチャンスだった。それで、1年生のころから古林先生の研究室に出入りして時折調査に参加していたのだった。その縁もあり、3年生になって迷わず先生の研究室に入った。

私は高校時代からずっと「緑の回廊」に興味があった。私が中高生だったころは環境問題に関するニュースをしょっちゅうテレビで見るようになった時期だった。ただほとんどが海外の話ばかりで、日本の環境問題や野生動物の問題はあまりニュースにならなかった。

そんなある日、「森林をつなぎ、生物の生活圏拡大　富士山麓(さんろく)に『緑の回廊』」という見出しを新聞で見つけた。日本でも乱開発で森林が寸断され、野生動物の生息域が狭められて絶滅の危機に陥っていること、その森同士を新たに森でつなぐことで、それぞれの森に住む動物たちの生活圏を広げて交流できるようにする計画が富士山周辺で進められていることが書かれていた。

緑の回廊では、緑地と緑地を森でつなぐだけでなく、大きな道路や鉄道などの上に動物のための高架橋を掛けることもある。こうすれば森に住む動物たちが人間に遭遇することも交通事故に遭うこともなく、自由に遠くまで行けるようになるので、生態系の豊かさを保つことができるというわけだ。

日本にも野生動物の問題があること、それを解決するための計画が動いていること、どちらも私には大きな驚きだった。

だからといって何か具体的なビジョンがあるとか、積極的にリサーチを進めていたとかいうわけではない。ただ先生に今後研究したいことを聞かれて、

「僕、緑の回廊に興味あるんですよね」

「緑の回廊？」

「あ、あの野生動物のために富士山の周りに作る計画があるってやつです！」

などとめちゃくちゃ漠然と希望を伝えた。

自分も教員になってわかる。こんなふうにフワフワとした志望が一番扱いづらいし、どうしてやればいいのか悩むんだよ。

しかし、そこはさすが古林先生。すぐさま野生動物保護管理事務所という民間の会社を紹介してくれた。

その会社の社長の羽澄俊裕さんも農工大の出身者であり、古林先生とは古い付き合いがあったのだが、ちょうど山梨県でクマの調査を始めることになったので、学生を調査の担い手として派遣してほしいという依頼があったところだったのだ。実はその調査というのが、まさに私が高校時代に新聞で読んだ富士山麓に緑の回廊を作るため

に、その地域のクマの生態を調べるためのものだった。

「緑の回廊のデザインをするのなら、まずそれを利用する野生動物のことを知らなければいけない。小池君はこの会社と一緒にクマの調査をやったらどうだ」

そう先生にいわれ、私が派遣されることになった。クマのことは何も知らなかったが、担当教授の鶴の一声でクマの研究をすることになった。呆れるほど受け身ないきさつだが、これが私のクマ研究との出会いである。

しかし、古林先生はどうやら緑の回廊への興味だけで、私を推薦したわけではなかったらしい。あとで知ったが、羽澄さんの希望は、

「ワンゲルか山岳部あたりで鍛えられていて、野人みたいに山地や藪を駆け回れるようなタフな学

山梨県御坂山地

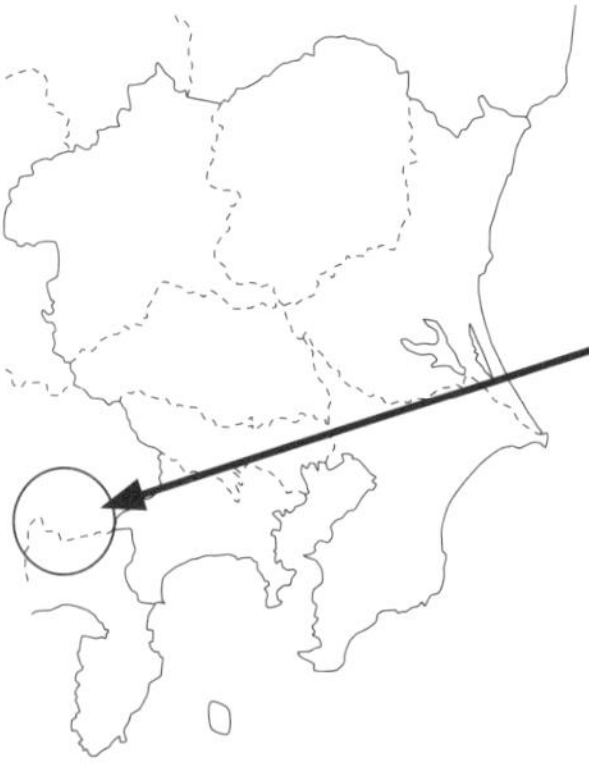

山梨の調査地。富士山北側にあって富士五湖も望める山地

生を寄越してほしい」ということだったようだ。
確かに、あのころの私は若くて丈夫で、何よりサークル活動で野山を歩き慣れていた。先生にとっても渡りに舟だったのだろう。

テニスサークルで青春を謳歌しようとしたら昆虫研究会に入っていた

古林先生の自主ゼミに出入りしながら、私もいっぱしの大学生と同様にサークルに入り、1~2年生のころは特に熱心に活動していた。

大学のサークルといえば、テニスサークルが王道である。テニスして、イベントに参加して、恋愛して、青春を謳歌するぞ！　入学したばかりの私はそんなバラ色のキャンパスライフを思い描きながら学内をうろうろしていた。そうこうしているうちに、生協の入っている建物の隣の、とある場所に目が留まった。それが昆虫研究会の部室だった。

へえ、昆虫研究会なんてあるんだな。昆虫少年だった私はふと興味がわいて、部室のドアを開けてみた。すると山のような昆虫標本とともに、

「あれ、君新入生？　いらっしゃ～い！」

3年生が温かい笑顔で迎えてくれた。その居心地の良さにひかれ、入会を決意したのである。それからは、この部室で酒を飲みながら先輩たちと昆虫談義をするのが大学生活の日常になった。

昆虫研究会では、昆虫採集に出かける人や写真を撮りたい人、見るのが好きな人など、さまざまな人がいた。私はというと、もっぱら先輩についていって、昆虫採集をしていた。採集場所は近場では東京の奥多摩や高尾、そして群馬の水上。生まれて初めて飛行機に乗り、沖縄の西表島にも行った。

それまでは故郷の名古屋と近場の東海地方でしか採集したことがなかったので、地域によって生息する昆虫が違うのは本当に面白い

昆虫研究会の夏合宿にて。左が著者

と思ったものだ。

変人だらけの探検部

大学時代は、昆虫研究会とともに探検部にも所属していた。こちらも、生協の隣に部室があり、部室の前にたくさんのカヌーやライフジャケット、パドルなどが積まれているのが気になって、ついふらふらと部室に吸い寄せられてしまった。

探検部では、雪山登山や自転車、ラフティング（川下り）や沢登りなどをやっていた。古林先生についてフィールドワークを始めたこともあり、「山登りもしてみたい」と思って入部を決めたのだった。

この部はアウトローな人が多かったので、昆虫研究会とは違った楽しさがあった。まあ、そもそも山が好きな人で集団行動ができるような社会性のある人は、多くが山岳部やワンダーフォーゲル部に入るものだ。少なくとも規律がゆるい当時の農工大探検部には、社会に適応できない人が吹き溜まっていた。

彼らがどんなふうにアウトローなのか。とにかく留年率が高いのだ。

「M先輩、最近学校来ないっすね。バイトですか？」

「いや、あいつアフリカ行ったよ」

「マジですか？」

「まあ、そういう俺も来月から南米だけどな」

と、まあこんな調子で多くの部員が休学してアルバイトをしてお金を貯め、ふらりと海外に半年や1年出かけていたからだ。もちろん、そのまま大学を除籍される部員は数知れず。

　また、部員の素行は悪く、学園祭では数年に一度は出店禁止になるほどだった。例えば学園祭のステージでマヨネーズをまき散らしたり、生協の建物の屋上から懸垂下降（ロープを使って高いところから崖を降りる方法のこと。消防訓練でよくやっているアレである）の練習をしたり、落ち葉を集めて生協の建物の前で焚火をしたり……。やんちゃな武勇伝には事欠かない。

　破天荒な部員たちを私は「よくやるな」と醒めた目で眺めているだけだったが、今にして思えば巻き込まれ願望があったのかもしれない。

　そんな猛者ばかりの探検部だったが、昆虫研究会とは違った意味で居心地の良い場所だった。部員は、今まで会ったことのないような個性的な人たちだったし、やることはめちゃくちゃだったが、ちゃんと話をしてみると芯があって魅力的な人が多かっ

たのだ。

探検部では、主に沢登りや冬山登山に参加していた。あとで詳しく説明するが、この経験は、後のフィールドワークにも役に立っているし、私がクマ研究者としてそれなりに成果を出せてきたのも、ここでの経験が大きい。

そもそもクマと関わるきっかけになった古林先生の推薦も山を歩けるからこそである。入学当初はテニスサークルに入って軟派なキャンパスライフを送ろうと思っていたのに、結局ふらふらとボタンをかけ違え続けて、まったく違った生活を送ってしまうことになるとは……。

人生とは思うようにいかないものである。

車で崖下に落ちそうになったけど命拾い

卒論のウンコ拾いの話に戻ろう。古林先生から「お前、クマの研究をやれ」といわれ、卒論のテーマをクマの糞分析に決めたことで、民間会社の野生動物保護管理事務所に出入りするようになったのが大学3年生の夏ごろである。

しかし、クマのウンコを拾うことになったとはいえ、基礎知識のない私には何をどうしていいのか皆目見当がつかない。とりあえず藪漕ぎをして山に入っても、まったくといっていいほどウンコに出会えないのである。

会社の人たちに連れられてクマの捕獲現場を見せてもらったこともある。そこでちゃんとウンコの現物も確認していた。どんなものかイメージできないというわけではない。その辺に転がっているシカのウンコみたいに山に入れば拾えるだろう、くらいに高を括っていたのに。

クソッ、なんでこうも見つからないんだ……。

心が押しつぶされそうだった。

そんなある日、私は社用車のハンドルを握って山の林道を走っていた。山に入るまでは運転経験もないペーパードライバー、しかもマニュアル車である。教習所を出てから一度も運転したことがないから、最初はおそるおそるだったが、1ヶ月ほど経って少しだけ慣れ始めていた。

その日もワンボックスカーにほかの学生と会社の社員の3人を乗せて運転していた。コケむした狭い林道で車を停め、方向転換をして山を下ろうとしたときだった。

悪いことにコンクリートにむしたコケでタイヤが滑ってしまった。湿ったコケに足を取られてタイヤは空回りする。

「なんかズルズル滑ってない？」

「下は沢だったよな……」

「落ちるぞ！　どこでもいいからつかまれ！」

車はゆっくりと林道から崖下に転落し、まさに谷底に滑り落ちようとしていた。

「ああ、落ちていく。この斜面だと転げ落ちる。もうだめだ」

観念した次の瞬間、ドンっと車が止まった。どうやら木にぶつかったらしい。

見れば崖に生えていたヒノキに車体の真ん中がめり込んで、前半分が宙に浮いているような格好で静止していた。後輪は辛うじて林道の上だった。もしこの木がなかったら、そのまま車は斜面を転げ落ちていたことだろう。乗っていた全員の命の保証はなかったし、運が良くても無傷で済むことはなかったはずだ。

九死に一生を得るとはこういうことなのだ。

いや、まだ助かっていない。

「これ辛うじて木に引っかかってるだけですよね」

「ああ。ちょっとでも動いたら沢に真っ逆さまだな」

「降りても大丈夫ですかね？　バランス崩して落ちそうですけど」

「いや、このまま待機するわけにもいかんだろ」

私たちは意を決して車から降りることにした。まず後ろにいる社員がそろりそろりと降りる。やはり車はバランスを崩してガガッと動いた。次に助手席の学生を下ろす。かなり慎重に動いていたが、やっぱり車体がずれた。最後は私だ。動くとまたズズッと車体が動いたが、辛うじて車体は踏みとどまっていた。

やっと命拾いして一息つくことができた。

さて、これからどうしよう。まずは会社に連絡を入れなければ。そのためには下山だ。1時間歩いて公道に出たので携帯電話をかけてみたが、当時その村からは携帯電話がつながらなかった。しかも公衆電話は村役場にしかない。

仕方なくさらに1時間歩き、村役場の公衆電話で会社に電話をして、事故に遭ったことを報告する。その時点で日が暮れようとしていたので、車の回収は諦めた。

それにしても、社用車で事故を起こしてしまうとは。しかも乗っていたのは1週間前に経費で私のために買ってもらったばかりの車だった。あまりにも申し訳なく肩身が狭かった。しかし、意外にも社員の皆さんは、

「社長が経費ケチってパワーステアリングがついてない中古車なんか買うからこんなことになるんじゃないですか！」

などとむしろ社長に明るくツッコミを入れていた。

きっと学生の私が萎縮しないように、気遣ってくれたのだろう。その気持ちが本当にありがたく、涙が出そうになった。

翌日は社員総出でワイワイガヤガヤと談笑しながら車を回収しに行った。ジムニー2台で車を引き揚げたあとに林道を走ったのだが、そのうち車のバッテリーが上がってしまったため、レッカー車を呼んで、運んでもらってなんとか事務所に戻ることができたのだった。

この経験は自分にとっては苦い思い出となり、「これからは絶対に事故を起こさない」と固く心に誓った。

あのとき自分の命を救ってくれたヒノキには今でも足を向けて寝られない。もし伐採されるなら買い取って、将来建てる一軒家の大黒柱にしたいと思っているほどだ。

引き上げた事故車両と著者。内心かなり凹んでいた

初めてのウンコ

それにしてもウンコがまったく拾えない。ここまで拾えないものだとは……。いったいどうすれば見つけられるのか。

もはや自分の力だけでは行き詰まってしまったので、ほかの人の力を借りるしかない。そこで、地元の猟友会の方々にクマが出没しやすい場所について聞いたり、私と同じインターンとして野生動物保護管理事務所に来ていたクマに詳しい学生にいろいろと教えてもらいながら一緒に山を歩いたりした。

そんな日々を送ること約1ヶ月。私と一緒に山に入ってくれた他大の学生が木の上のほうを指し、

「ほら、これがクマ棚だよ」と教えてくれた。

ちなみに、クマ棚というのは、クマが木に登って枝先のほうになっている果実をぼりぼりむしゃむしゃと貪り食った跡である。枝ごと強引にたぐり寄せるため、不自然な形に曲がったり折れたりして棚状に固まっているのだ。

「これがクマ棚か！」と新鮮な気持ちで樹上に向けた視線を地面に向けると、クソでかい塊が鎮座していた。まごうことなきクマのウンコである。

ついに、ついに！　ついに初めてのウンコをゲットしたのだ。

発見したときの感動は忘れられない。それは山の中に落ちているどの動物の糞よりもでかかった。大きさとしては直径10㎝程度。人間のウンコともよく似ている。

クマがドングリを食べた痕跡がクマ棚なのだから、それの下にウンコが落ちているのは考えてみれば自然なことである。

しかし、今まで何度も山に入っていながら、なぜこのクマ棚に気づけなかったのだろうか。今にして思えば、昆虫採集や山登りの視点で森を見ていて、クマが活動した形跡を探る目ができていなかったのだろう。

クマの心で探せば面白いほど見つかる

9月になって、ようやく拾えたというのは、季節的な側面も大きかった。よくよく考えれば、夏は気温が高いためウンコの分解が早かったのだ。また、9月になるとクマは冬眠に向けてカロリーの高いドングリを食べ始める。ドングリのウンコは粘土のようにどっしりしているため、分解されにくい。

同じ年の夏からは、クマに発信機を付ける調査も始めており、クマの行動範囲もようやく正確にわかり始めていた。何度も山に入ったことで獣道の存在が頭に入るようになってきたことも大きい。

山に入るたびに詳しいメモを残すようにしたこともウンコ発見に役立った。古林先生からは「何でもメモをしろ」とアドバイスされていたので、自分の歩いたところは全部地図に記録した。当時はGPSがなかったため、山に入りながら周囲の状況をメモしたのだ。例えばここに獣道があったとか、この道の右手には濃い藪があったとか、ここにクマ棚があったとか、こんな木が生えていてこの木にはこんな爪痕が残っていたとか、どこでウンコを拾えたかなどである。

クマに関係なく、探検部の沢登りをしていたときの経験から、ここに○mの滝があ

ったとか、ここでこんな虫を見つけたとか、とにかく何でもかんでもメモしていた。

そうやってメモすることで、見えてきたことがあった。クマのウンコは、快適なところで見つかるのである。例えば木の下の少し平らなところ、見晴らしの良いところなどだ。クマは木の上で、枝をざっくりと編んでベッドを作ることもある。そんな場所の下でもたびたびウンコが見つかった。

よく考えたら、自分自身が山の中で用を足すときも、斜面の急なところでは踏ん張れないし、藪があると落ち着かない。しっかり食べて、ちょっとリラックスすると便意をもよおし、見通しの良い平らなところで踏ん張る。

「自分だったらどこでしたいだろう?」と考えることで、クマの気持ちも想像できるようになった。

徐々に養ってきたクマのウンコポイントを見る目が開いたとき、森の見方が変わった。最初の1個に出会ってからというもの、私は面白いほどウンコが拾えるようになっていったのである。

今でも木を見ると、まずは幹に注目して爪痕がないかを確認する。次に地面に落ちたものを見る。大きな枝が落ちていたら、ウンコセンサーが反応する。こんなものが下に落ちているのは明らかに不自然だからだ。穴を掘った跡も、どんな動物が掘ったかが気になってしまう。ウンコ欲しさにクマの気持ちになりきると、山を歩くときに注目するポイントが変わるのだ。

その反面、クマがいるはずのない東京と埼玉の都県境の狭山丘陵ですら同じポイントに注目してしまう。もはや深刻な職業病といっていい。

ウンコまみれのリュック

ところで、クマのウンコは、どうやって回収するのか。

まず、拾った場所の記録である。出どころ不詳の胡散(うさん)臭いブツは論文の資料にならない。ちゃんと地図やGPSなどで場所を確認してメモして、由緒(ゆいしょ)正しいウンコであることを証明しなければならない。次に周辺の植生をメモし、あとで分析の手がかりにすべく、色や形や大きさがわかるよう写真を撮るといいだろう。

記録が済んだらいよいよ回収も本番である。

ジッパーが付いた厚手のビニール袋を裏返して手にはめ、袋越しにウンコをつかんで袋を元に戻す。

このとき、邪魔者を取り除くことを忘れてはいけない。まず、ウンコにくっついて

いる落ち葉などは取り除く。でないと、あとで分析を行ったときに、それはウンコの中に含まれていたものかそうでないのかがわからなくなってしまうからだ。

そしてもうひとつ重要なのが、糞虫（ふんちゅう）を取り除くということだ。糞虫というのは、フンコロガシなどに代表される、動物のウンコをエサにする虫の総称である。こいつが実に厄介で、あごの力が強いため、混ざっているとウンコを包むビニール袋をいつの間にか食い破って動き回るので、リュックはウンコまみれになってしまう。ウンコ色に染まったリュックの中を覗いたときの絶望感といったらない。私は探検部で沢登りをしていた経験があったため、持ち物はすべてビニール袋に入れて濡れないように詰める習慣があり、最悪の事態は逃れたのだが、もしそうでなければ、目も当てられないことになっただろう。

それでも、クマのウンコはほとんど無臭なのでまだ洗えば済むのだが、これがほかの野生動物の場合はなかなかニオイが取れない。例えばサルのウンコでやられた人を知っているが、ニオイが染みつき悲惨なことになっていた。リュックはもちろん、ウンコに触れたものも全部処分するしかない。

具体的にあのニオイを表現するのは難しいが、動物園のきついニオイを想像してもらえればいいだろうか。深刻な金銭的ダメージを受けるだけでなく、心にも深い傷を負うことになるだろう。

だから糞虫は丹念に取り除いておかなければいけないのだ。まあ私は昆虫好きなので糞虫は瓶の中によけて、持って帰ったのだが。糞虫だけでなく、クマがクルミを食べた場合も、硬い殻の破片がビニール袋に穴を空けてしまうので、袋を二重にして持ち帰る必要がある。

こうして入念に事故の原因を取り除いてウンコを運ぶのだが、なんせ直径が約10㎝で重さは500gほどもあるため、ひとつひとつがずっしりと重い。10個も拾えば、リュックがパンパンになって非常に重くなる。そのリュックを背負って山を歩くのは結構な苦行である。まったく拾えないのは辛いが、ホイホイ拾えてしまうのもそれはそれでしんどい。しかし、見つけるとつい嬉しくなってしまう。

「これを全部拾ったら大変なんだよな……」とか思いながら結局全部拾って持ち帰ってしまうのであった。

ウンコは自然解凍に限る

そうこうして集めたウンコは、研究室の冷凍庫に入れて分析まで保存しておく。研

究室の冷凍庫に空きがない場合は、山梨の会社が持っていた現地ステーション（調査拠点）の冷凍庫にも入れさせてもらった。山梨のステーションには高速バスで通っていたため、ウンコを研究室に持ち帰るときには、高速バスの荷物置き場に入れて運んだ。紙袋に入れて直接手で抱えて乗ったこともある。

「楽しかったね！」

「ＦＵＪＩＹＡＭＡめちゃ怖かったよ〜」

などと語らいながら、いつも富士急ハイランド帰りの若者がキャッキャしながら乗り込んでいた。

まさにその隣の席で、若い男がクマのウンコを抱えているなど、想像すらしなかったに違いない。

こうして集まったウンコの分析は、日程を決めて行う。前日にはあらかじめ冷凍庫からウンコを20個ほど出してトレイに置く。それを床に並べて解凍する。ただし、熱で中身が変質するから電子レンジやガスを使うなどは厳禁だ。ドライヤーを当てるのもダメ。ウンコは自然解凍でなければいけない。

そして、手袋をはめてウンコをふるいの上に置き、水でドロドロした部分を洗い流す。すると、植物のタネや虫の脚など、消化しきれなかった硬いものが出てくる。それを見て、クマは何をどれくらい食べたのかを特定していくのだ。

ところが私にはふるいの上に残った残骸が何なのか見当もつかなかった。

当時、同じ研究室にクマをやっている人がいなかったので、先輩に聞くこともできない。仕方ないのでウンコを持って東京大学の博士課程でクマを専攻している人を訪ね、ドロドロを洗い流すところから見てもらって分析を進めた。

植物のタネは、最初はどれが何のタネなのかがまったくわからなかったが、タネの図鑑を見ながら種類を同定していった。しかしそれでも自分の同定には自信が持てなかったため、4年生になってからは山にある果実を取ってきては自分で

食べ、タネもくらべてみるということをした。野生のクマが食べるものはほとんど全部私も試食したと思う。また、ウンコの中のタネをウンコを冷凍する前に何粒かとっておき、プランターなどに植えて発芽させ、本当にその植物なのかどうかも確かめてみた。こうして、どれが何のタネなのかを少しずつ覚えていったのだ。

クマの食べる果実や植物を自分で食べてみて思ったのは、クマはなかなかグルメだということだ。ただ、マムシグサだけはシュウ酸の刺激が強く、びりびりとした。それでもまずいものといったらそれくらいで、毒のある食べ物を食べずに済んだのは幸運だったのかもしれない。

それで、肝心の糞分析の作業はというと、とにかく退屈だった。ひたすら水を流してドロドロの部分を流していくだけだからだ。しかも、このドロドロのせいで配管がしょっちゅう詰まるので、トイレのガポガポ（正式にはラバーカップとか通水カップという）でしょっちゅうつまりを取らなければいけない。だから、非常に時間がかかる。

しかも、そのころ私が所属していた研究室には実験室がなかったので、糞分析はほかの研究室の実験室を借りてやらせてもらっていた。しょっちゅう配管を詰まらせるものだから、その研究室からはいつも嫌な顔をされた。糞分析をするのは肩身が狭くて憂鬱だった。

ときには、罠にかかって捕獲されたクマのウンコを分析することもあった。罠の中にあるウンコには鳥のクチバシのようなものが混ざることが多く、

「トラップにかかったクマって鳥を食べるんだなあ」と思っていたのだった。

ある日、同じ研究室の友達にそのクチバシを見せると、こんな指摘をしてくれた。

「それって爪じゃない？　ネコの爪も研ぐと古いのが落ちるよね。クマも同じなんじゃないかな」

彼はネコと暮らしていたからすぐにピンと来たのだろう。私は飼ったことがないから全然わからなかったが、ネコの爪もクマと同じ鈎爪で、たくさんの層が重なっており、研ぐと古いものがキャップのようにぽろっと落ちて新しいものが押し出される。その鳥のクチバシのようなものも、同じなのではないかというのである。

果たしてそれはクマの爪だった。罠にかかったクマの中には、自分のウンコにまみれながら暴れ、ガリガリと罠の内部をひっかく個体がいる。そのときにはがれた爪がウンコに混じったのだろう。研究室の仲間の指摘がなければ間違った分析結果を示しかねなかった。思い込みは危ないし、第三者の知見というのは貴重なものだと痛感したものだ。

私を蚊帳の外に置いて議論は進み、卒論のテーマが変わった大学4年の秋

ウンコ集めと糞分析が終わり、あとは卒論にまとめるだけ。そうすればめでたく卒業である。当時私は大学院に進んで研究者になろうなどという気は毛頭なかった。無難に卒論を提出して、高校教師になりたかった。だからほどほどに卒論を書いて卒業することしか頭になかった。

クマの糞分析の先行研究では2年間で193個ウンコを拾っていた。私は1年半で291個拾った。記録更新である。もう十分だろう。俺の卒論終わったな！

しかし世の中はそんなに甘くなかったのである。

不幸は、卒論の進捗をゼミで発表しているとき、古林先生に、

「クマのエサの中で夏はヤマザクラを○個食べていて、秋はドングリが○%ぐらいを占めていましたね」

そう報告したところから始まった。報告を聞いた先生からは、

「なんでヤマザクラだけ食べた個数がわかるわけ？」と鋭い質問が飛んだ。

古林先生の研究対象はシカで、シカは食べ物を胃の中で反芻する。だからほとんど

の食べ物が細かく噛み砕かれてしまって、「この木の実を○個食べた」というのがわからないのだ。あとで知ったが、シカなどの植物食動物の糞分析は、クマの比にならないほど細かく、植物の破片を顕微鏡で調べて気孔の形の違いなどから食物を特定したりする。

何も知らなかった私は平然とありのままを答えた。そんなの、ヤマザクラの実の中にタネが1個入っているから、タネの個数を数えれば何個食べたかなんてすぐわかる。噛み砕かれていたとしても、破片からタネの個数が推定できる、と。

古林先生の瞳がキラーンと光を放った。

「ちょっと待った。クマの糞にはタネがそのまま入っているんだね？」

「ええ、そうですね」

この何気ない私の回答がどうやら先生の研究者魂に火を付けてしまったらしい。

「もしかしたら、クマは木の実を食べることで植物の種子を運んでいるんじゃないのか」

「確かに……そういうことになりますね」

「いや～、面白いよこれは！　そこをもっと調べてみたらきっと面白い研究になる」

「鳥だけではなく、クマによっても植物のタネが遠くまで運ばれるかもしれないということですよね」

「これ糞分析じゃなくて、シュシサンプという切り口で卒論を書いてみたらいいんじゃないのかな」

古林先生、大興奮。真面目な学生たちも加わって何やらめちゃくちゃ議論が盛り上がっているじゃないか。しかし、何なんだよ、「シュシサンプ」って。そんな言葉知らねえよ。なんかの呪文か？と、私は思った。

ここで読者の皆さんにこの「シュシサンプ（種子散布）」について、ちょっと補足説明しておきたい。

植物はなるべく遠くへと自分のタネをまきたい。というのも、自分の種（しゅ）の生息域を広げておけば、例えば森林火災や土砂災害などで自分の生えている場所の植物が全滅しても、子孫がどこかで生き残れる可能性が高まり、絶滅を免れることができるからだ。

もちろん、植物は自分で動いてタネをばらまくことはできないので、さまざまな工夫をする。タンポポのようにタネに綿毛をつけるのも種子散布の工夫のひとつである。綿毛によってタネは風に乗れるから、遠くまで運ばれるだろう。

もうひとつ、動物による種子散布もある。果実を動物に食べてもらい、動物の体内で消化されないタネがウンコに混じって排出される。動物が移動しながらウンコを出せば、タネは元の木から遠くに運ばれるというわけだ。これを周食型の種子散布という。

また、リスなどの動物は植物の実をどこかに貯めて、そこから少しずつ食べる性質があるが、その実を貯めた場所を忘れてしまったり、貯めた実を食べきれなかったりすることがある。すると、その実のタネは春に発芽する。こちらは貯食型の種子散布である。

それまで周食型の種子散布を行うのは鳥類だと考えられてきたが、ちょうど私が卒論を書こうとしていた2000年ごろは、世界中で哺乳類による周食型の種子散布の可能性が注目され始めた時代だった。

クマは周食型の種子散布者かもしれない。それは、古林先生のみならず、研究室のメンバーを興奮させたのである。

シュシサンプ！

シュシサンプ！

シュシサンプ！

先生も、大学院生も、勉強熱心な同級生も、熱に浮かされたように「シュシサンプ」を繰り返す。

議論にはついていけないし、彼らが何をいっているのかさっぱりわからなかった。それでも非常にヤバい事態が起こっていることだけはわかった。

このとき、大学4年生の10月。そろそろ集まったデータを分析して論文を書き始め

る時期である。それなのに、新たに哺乳類の種子散布の先行研究の論文を読み、再びヤマザクラ以外のタネを数えなければならないとは！

本人を置いてきぼりにして勝手に盛り上がるのはまだいい。しかし、提出3ヶ月前に卒論のテーマを勝手に変えて、たんまり面倒くさい作業を押し付けるのは本当に勘弁してくれ……。

実は結果的にこれが私に研究者への道を開くきっかけになるのだが、あのときの私にとっては、きわめつけに不幸で不運な事故でしかなかった。

タネのカウントは飲みながらでないとやってられない

本人の思惑をよそに勝手にテーマを変えられてしまった卒論。とにかくデータ分析をやり直さねばいけない。つまり、集めたウンコに入っていた22種類のタネを数え直すのだ。幸か不幸かウンコを洗って出てきた植物のタネは、アルコールに漬けて保存してあった。ひとまずこれを数えるとするか……。

ところで、数えるべき植物の種子とはどういう形をしているかご存じだろうか。まず、ヤマザクラの種子というのは、サクランボのタネのようなものである。これはまだいい。問題は、キイチゴやサルナシである。ざっくりというとキイチゴはイチゴの野生種、サルナシはキウイフルーツの野生種である。そのタネは？　イチゴの周りについているプツプツした白い粒、キウイフルーツの中に入っているプツプツした黒い粒がそれである。あれを1粒ずつ数えるのだ。サルナシを食べたウンコなら1つあたり1万粒ほど入っている。

アルコールに漬けているので、リキュールのような香りがする。嗅いでいるうちに気分が悪くなる。そしてアルコールが飛ぶと、乾いたタネは鼻息レベルの風で飛んでいってしまう。だからアルコールが飛ぶ前に10個ずつなどの塊にしなければいけない。時間との闘いだ。その作業を、研究室のメ

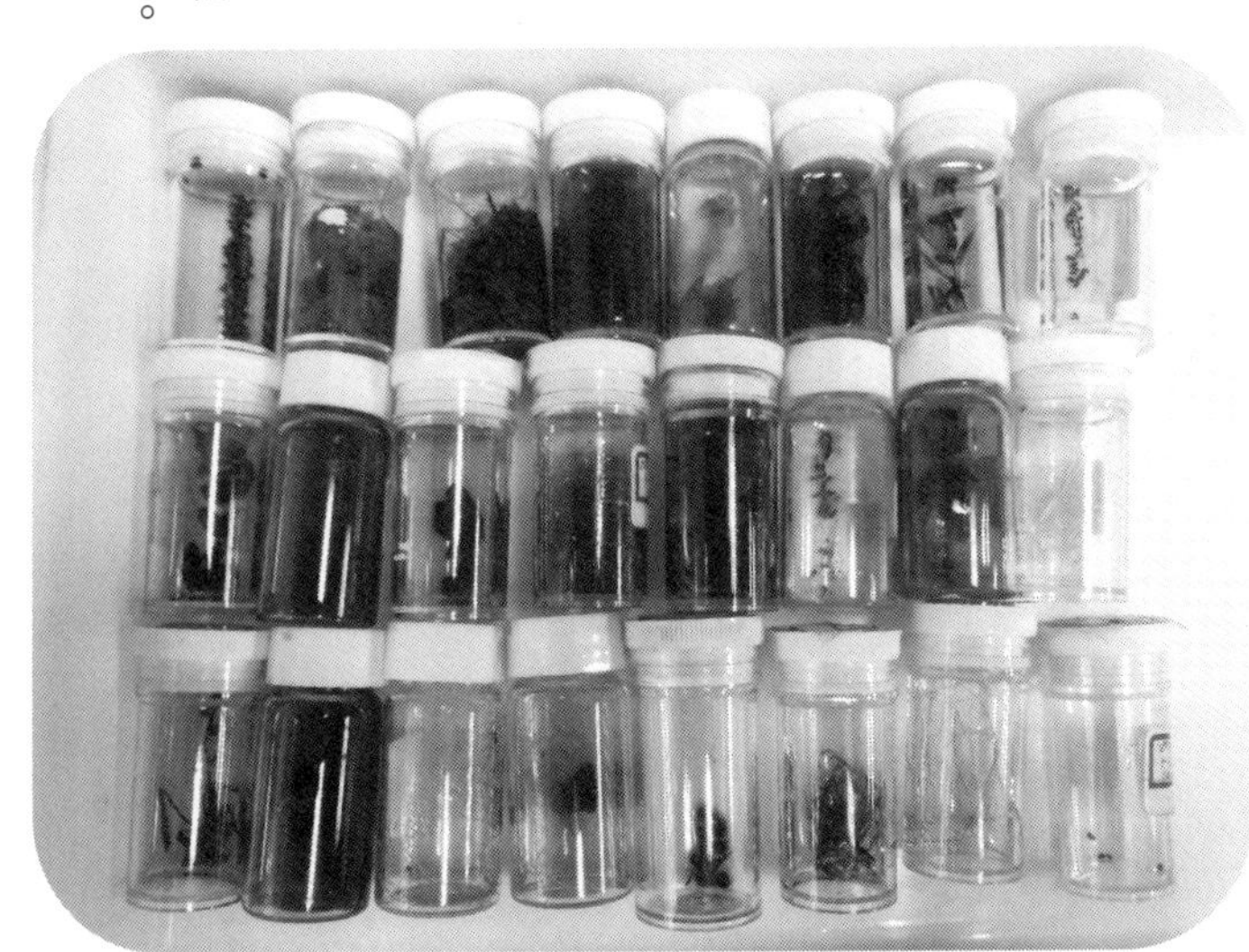

糞分析のために作ったタネの標本

ンバーが帰ったあとにトレイにタネをあけて、夜な夜なやった。夜に細かい粒を見つめるので目も疲れてくる。酒でも飲まなければやってられん！　と、冗談抜きに思ったから、本当に飲みながら数えた。

ここへきて、ウンコを張り切って拾いまくったことを心から後悔した。あんなに拾わなきゃこんな苦労しなくてよかったのに。結果としてウンコを集めすぎたのが仇(あだ)になるとは夢にも思わなかった。

こうしてもはやヤケクソの気分で夜な夜な地道にカウントをひたすら行い、ようやく終わったのが12月。これだけ苦労しても卒論の中では「このタネが○個」という表が1つ増えるだけなのだ。ほかの同期からはもう卒論を書きあげたという声が聞こえ始める。なのに、自分はここからがスタートラインなのだ……。

しかしやらなければいけない。実はこのころ、私の進路は崖っぷちであった。目指していた高校教師の道が閉ざされてしまったのだ。教員不足の今では想像できないが、当時は就職氷河期真っ只中。公立の教員採用試験の倍率は非常に高く、狭き門だったのである。私立に行くにしても男だらけの学校は嫌だった。しかし、新卒の男性教員を女子校はまず採用しないし、共学は倍率がなかなかエグい。結局私は就活に失敗してしまった。

しかも、夏に実施された農工大の大学院の入試、すなわち院試にも落ちてしまっていた。院試は翌年2月にもう1回チャンスがあるものの、ここで落ちたら新卒の無職になってしまう。

どうにかこうにか卒論をまとめ、卒論の発表会を迎えた。その翌日が院試である。卒論の発表が終わってお祭りモードの同級生たちが打ち上げに向かう。しかし私は参加できない。

「お前は絶対に来るな！ 院試落ちたらどうするつもりだ」とこっぴどく叱られていたのであった。今日はこれから勉強をしなければいけない。あの悲しさを今も忘れられない。

結局なんとかその2月の試験に合格し、修士課程への進学が決まった。しかし、そのころ私の周りには博士課程に進む人はいなかったため、就職するまでの腰かけぐらいのつもりしかなかった。次の2年間を適当にやり過ごすことしか頭になかったのである。

英語は嫌い。研究にも熱心ではなく、いかに楽をするかしか考えていない。そんな不真面目な学生だったあのころの私を知る人たちはみんな、私がクマの研究者になり、母校の教授として学生たちの指導をする立場にあると知って驚き呆れる。

まあ、それも当然だろう。

人生本当に何があるかわからない。

コラム

昆虫研究会が研究にも役に立つ

近年ではシカが急増して森林の藪が食べ尽くされてしまい、どんどん消えていっている。しかし、私が学生だった1990年代後半から2000年前後はまだどこの森へ行っても藪がうっそうと広がっていたものだった。そのころに私は昆虫採集で各地の山に入っていた。昔の風景を知っていることが、後に森林の専門家としてシカの調査をするときに役に立った。

昆虫採集の知識は学生の指導に役立つこともある。送電線の下は、樹木が定期的に伐採されているため、昆虫愛好家にとってはチョウの採集スポットとしてひそかに知られている。そういった知識があったため、当時大学院生だった沖和人さんに、実際に「送電線の下は本当にチョウが多いのか」というテーマを与えて調べてもらったところ、確かに豊かなチョウの楽園になっているという結果が出た。

マニアには常識だったが、その結果は学界で画期的な発見として受け止められ、論文が科学雑誌に掲載されたこともあった。

昆虫研究会の人脈もときには役に立つことがある。何せ70年近くの歴史あるサークルなので、それはそれは多くのOBがいる。

私は修士2年生のあとは一度大学から離れ、環境系のNGOに勤めていたのだが、昆虫研究会の大先輩が勤めていたのがその団体に就職するきっかけになった。OBの中には、当時放送されていた「TVチャンピオン」というテレビ番組の昆虫王選手権で見事「昆虫王」の称号を得た長畑直和さんもいて（その番組の魚通選手権で「魚王」になったのがご存じさかなクンさんである）、後に研究のためにハエの専門家を紹介してもらったこともあった。

昆虫研究会での経験と昆虫への関心は、節目節目で研究を助けてくれたし、何より人生を豊かにしてくれたと思っている。

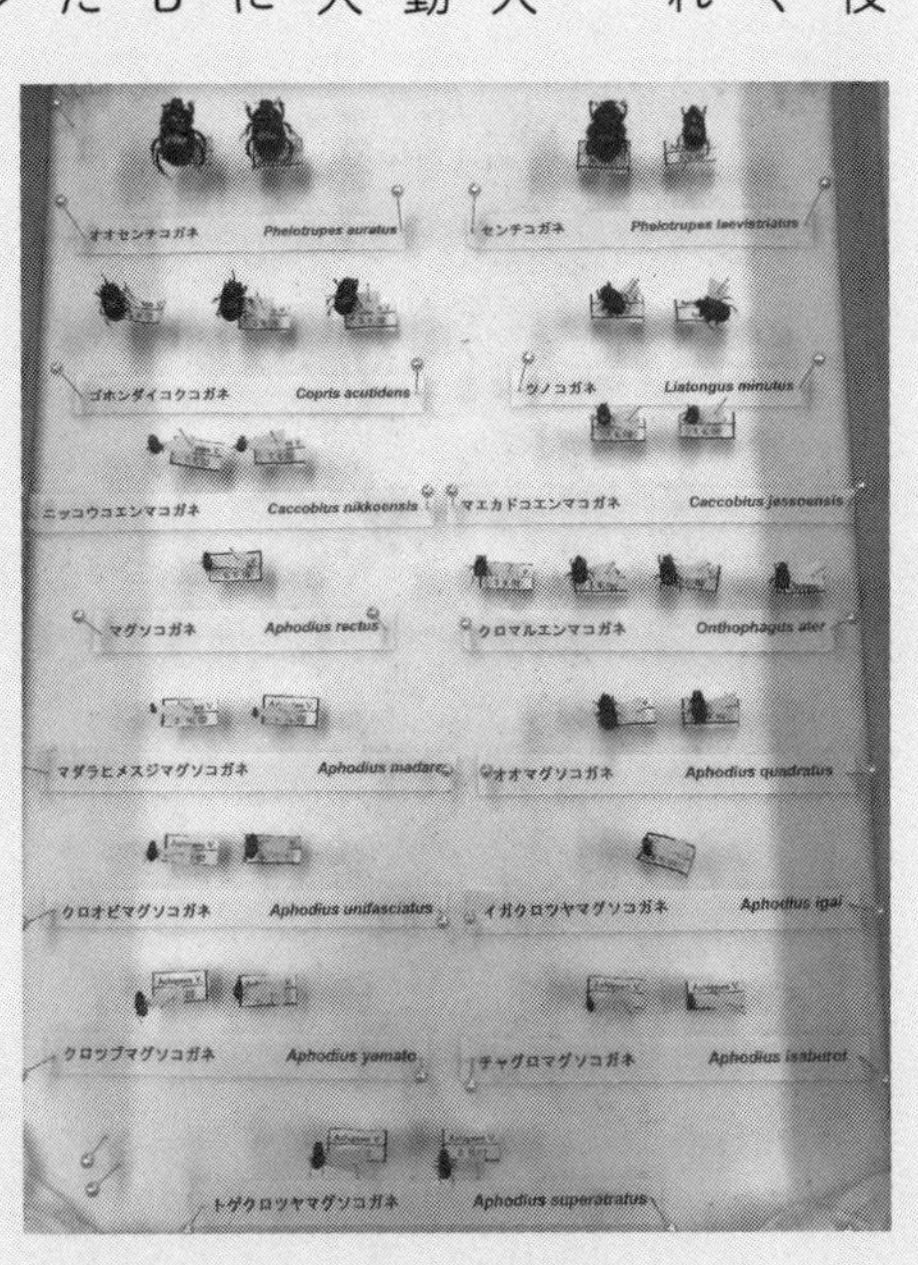

クマのウンコから採取した糞虫たちの標本

2章
俺はクマレンジャー

山梨の山中では、卒論のためにウンコを拾うだけではなく、クマに関してもうひとつの調査も行なっていた。というか、これがまさに山梨の野生動物保護管理事務所が富士山の周りに「緑の回廊」を設けるための事前調査として請け負っていた仕事である（卒論のウンコ拾いはこの地域のクマの生活の様子を知るための調査の一環といえる）。

こちらは山中に設置した罠でクマを捕獲して麻酔で眠らせ、その間に電波発信機付きの首輪を装着して再び森に放つというものだ。クマに首輪を付けたあとは、発信機から出る電波をたどってクマの行方を探して行動範囲を調べる。

富士山麓に暮らしているクマたちが実

使い古した電波発信器付きの首輪。秋葉原などで材料を買って自作している研究者もいた

際どういう行動範囲をどのようなルートで移動しているのかがわかれば、緑の回廊の設置場所も決めやすくなるというわけだ。

ところで、このクマの動きを追跡する方法論は、ここから先、電波発信機がGPSになり、ビデオカメラ付きになった今日まで基本的に変わらないし、東京の奥多摩や栃木県の足尾に場所を移しても同じようにやってきた。そして、この捕獲と追跡が後にウンコ拾いに始まった私の研究を飛躍的に発展させることになるのである。

この章では、クマ捕獲の方法と、当時山梨で行っていた電波発信機を使ったクマの追跡についてくわしく紹介しようと思う。

ドラム缶の罠でクマを捕まえる

クマ捕獲のためにはドラム缶を2つ金具でつなぎ合わせて作った罠を使う。この罠はなじみの鉄工所に頼んで作ってもらうのだが、特に決まった設計図はない。詳細な設計は研究者によって違い、小さな工夫ひとつにクマとの格闘によって蓄積してきた経験とノウハウが凝縮されているのである。

とはいえ、大まかな仕組みは同じだ。捕獲用の罠だから、クマが入ると出られないよう蓋が閉まるしかけになっている。ドラム缶の中にはバケツが吊るされていて、その中にはクマをおびき寄せるためのハチミツを入れておく。バケツはワイヤーで蓋とつながっており、クマが入ってハチミツをなめるためにバケツを動かすと、蓋が落ちてクマが閉じ込められる仕組みになっている。

このバケツと蓋との連動が難しく、ワイヤーのゆるめ方が肝になっている。ワイヤーがゆるいと多少バケツが動いても蓋が落ちてこないので、賢いクマだと蓋が落ちない程度にバケツを動かしてエサを食べて逃げてしまう。

しかし、ワイヤーがきつすぎると、少しの振動でもすぐに蓋が落ちてしまう。

実際に設置された捕獲罠。人間が触らないよう注意書きを貼る

するとクマ以外のタヌキなどの動物が入っても蓋が閉まってしまうのだ。だから、クマだけがしっかりと入ったタイミングで蓋が落ちるようにワイヤーを調整するのが捕獲成功のカギとなる。

「ドラム缶を転がして蓋が閉まらないようにしてからハチミツを食べればいいんじゃない？」

そう考える知能犯のクマもいるから油断ならない。だから罠の４本の足は地面に差し込んで固定できるようになっているのである。

しかける場所が腕の見せどころ

最も大事なのは罠の設置場所である。クマがよく通る獣道の近くでありつつ、私たちがクマを捕獲して作業できる平坦なスペースのあるところが望ましい。まあ、ようは「クマが通りそうな場所にしかけるだけ」なのだけど、これが難しい。

森全体を観察しながらクマの痕跡を追ってきた毎日の蓄積から、「ここだ！」というポイントを選ぶのだが、まったく捕まらないこともある。

そんなときはウンコ拾いと同じく、どこにドラム缶があったら入りたいか、どこでハチミツを食べたいか、クマの心で必死に考えるしかない。

もし捕まらないと、場所を変えなくてはならない。つまり、ドラム缶を担いで山を下りて、再び登るということであり、これだけでも結構大変だ。ドラム缶を連結した状態で運ぶのはまず無理なので分解して背負子(しょいこ)で運び、しかける場所で組み立てる。

そういえばハチミツにワインを混ぜたり、ハチミツ入りのペットボトルを罠の周りの木に吊るしたりして誘引していた人もいた。あまり劇的な効果はなかったようだが……。

罠をしかけたら、定期的にクマが捕まったかどうか確認して回る。このパトロールはクマが捕まるまで続く。罠の中から物音がするからといって喜ぶのは早い。クマ以

ドラム缶を担いで設置場所へ。まともな登山道があるとは思わないほうがいい

外の動物が入っていることがあるからだ。

ハチミツも食べられてイラッとするが、怒りを抑えてすぐに動物を解放して罠をセットし直し、次に備えるしかない。

考え抜いた設置場所と創意工夫の結果、捕獲が成功すれば研究者としての、いや、クマ業界人のほまれである。私も設置場所の選定を任されて、初めてクマが捕まったときの喜びは忘れられない。

そして冬眠の準備を始める10月ごろに罠のメンテナンスを行う。その際に汚れや錆（さび）を落としてペンキを塗りなおしておく。錆を残したままにしてしまうとぐっともろくなってしまうからだ。

昔は扱いが雑で錆びた罠をそのまましかけていたものだった。そこに元気でよく暴れるクマがかかったら最悪だ。もろくなった場所を中から叩きまくり、「穴が空いてる！」と気づいた瞬間、ヌッと毛むくじゃらの手が出てきたこともあった。メンテナンスは大事だ。

クマの捕獲は頭脳戦であり、細かい作業の地道な積み重ねである。その毎年の繰り返しによって、少しずつ改良を加えられ、ノウハウが蓄積されていくのである。

クマさんにはアポなしで会いたくない

さて、パトロールでクマが罠にかかったのを見つけたら、いよいよ関係者数人のチームが山に入る。

整備された林道や登山道だけで現場に行けるとは限らない（むしろそんなケースはまれである）。ウンコ拾いと同じように、藪漕ぎが必要なこともしょっちゅうだ。虫刺され対策とケガ予防のため、長袖・長ズボンが基本である。

それに普通の運動靴では土砂や枯れ葉などのゴミが入る。湿った石の上や沢などではスリップするので歩くのもままならないだろう。だから、スパイクがついた丈夫な長靴が必須になる。

現場で作業する際は、汚れてもいい服でないと困るだろう。

罠にかかったクマの中には、

「ジタバタしても仕方ないからハチミツ食って寝るか……」と言わんばかりにおとなしく待っていてくれる個体もいる。そして当然、

「クソ人間め、ここから出しやがれ！」と力の限り暴れまくるクマもいる。体はハチミツや自分のウンコにまみれてベッタベタになっている。それを罠から引きずり出し

て、抱きかかえるようにして全身の検査などをするのだ。

自分も全身ハチミツとウンコにまみれる覚悟をしなければいけない。

また、これも捕獲に限った話ではないが、山に入るときはクマに遭遇しないことも大切である。

いくら人間の大人ぐらいの体格とはいえ、鋭い爪があり、力もめちゃくちゃ強いので、引っ掻かれたり、タックルされたりしたら命にかかわる。

そのため、私たちが山中に入るときは、鈴を身に付けたりする。別にクマは鈴の音を嫌っているわけではない。人間を避けているのだ。だからクマは鈴によって私たちの存在に気づき、私たちがクマに

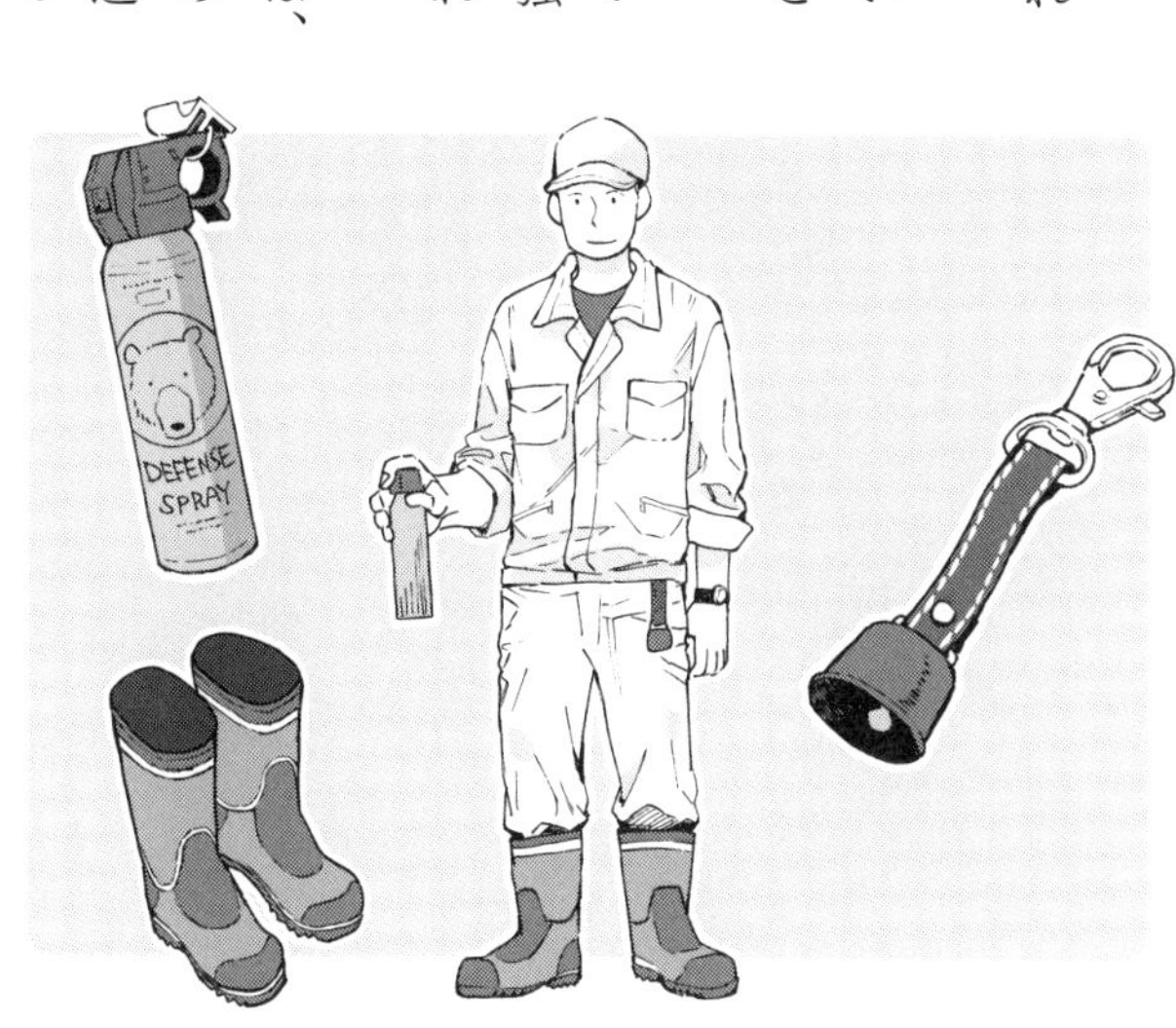

接近する前に自分から離れていってくれるのだ。

ただし、沢の中や雨の中だと、音が響きにくくなるので、クマと遭遇する危険が高まることも覚えておきたい。

藪の中や沢での出会いがしらの遭遇事故は少なからず報告されている。

だからこそ、万が一クマに遭遇した場合の備えとして、クマ撃退用スプレーは必携アイテムなのだ。トウガラシの辛味成分でできたスプレーなので、いかに屈強なクマといえど悶絶して逃げていくだろう。当然、劇物なので、人間がかけられても非常にきつい。くれぐれも取り扱いに注意が必要だ。

ちなみに、私はやむを得ず人間に向かってこのクマスプレーをかけたことがあった。そのときのことはあとでお話しすることにしよう。

とまあ、そんな重装備で山中に通い続けてきたが、山梨で調査を行った3年の間に、私は罠にかかったところ以外でクマの姿を見たことはほとんどなかった。見たことがあるのは、走って逃げてゆくクマのお尻をちらりとぐらいだった。クマの活動範囲を集中的に回っていたというのに、である。

それほどクマは臆病な動物なのだ。

捕獲調査は大荷物

捕獲したクマを調査するときの持ち物は、なかなか盛り沢山である。罠にかかったクマを麻酔で眠らせ、眠っている間に身体測定を行わなければいけない。その道具一式も必要なのだ。

まず、クマが罠に入ったという連絡が入ると、先発隊が罠を見に行く。先発隊の仕事は、強力な懐中電灯で暗いドラム缶の中のクマを照らして、オスかメスか、体重は何kgくらいかを推定することである。この目測した数字をもとに麻酔薬の量を決める。多すぎると麻酔が深すぎてクマの命にかかわるし、少なすぎると計測の途中で麻酔が切れて作業を中断しなければならなくなる。

クマに取り付ける発信機付きの首輪もこのときの目測をもとに用意する。山梨では電波が出るだけの単純な発信機を使っていたが、2000年ごろからGPS受信機付きの首輪が使われるようになっていった。性能は違うが、変わらず重要なのは、体格に合ったベルトのサイズを用意すること。小さい首輪ではクマが苦しくなったり、躍起になって外そうとしたりするだろう。逆に大きすぎるとゆるくて途中で脱落してしまう。

しかし、この推定がなかなか難しくて、外れることがよくある。後年、先発隊の不慣れな学生が電話でこんな報告をしてきたことがあった。

「でかいのがかかってます！　これはオスですね。体重は……80kgぐらいはあると思います」

私は「大捕物だ！」と大喜びで現場に駆けつけて罠を覗き込んだ。

「いやこれメスだね。体重30kgぐらいじゃないかな」

「すみません……」

恐縮する学生にも気を遣う。いくら場数を踏んでも間違いはあるのだ。こればかりは仕方ないから、前を向くしかない。

しかし、ここまで目測が狂うと、準備した首輪では合わないため別の日に出直すか、首輪を装着せずに放獣するしかない。朝早くに出発し、重い荷物を担ぎながら、場合に寄っては2時間半くらい山を登ってくることもある。そんなときはさすがにくたびれる。

最近では罠にＳＩＭ付きのカメラを設置しているので、映像を研究室から確認できるようになった。おかげで、研究室にいながらにして、いつも自分の目で状況を確認できる。もう、事前の目測を大きく誤ることはあまりない。

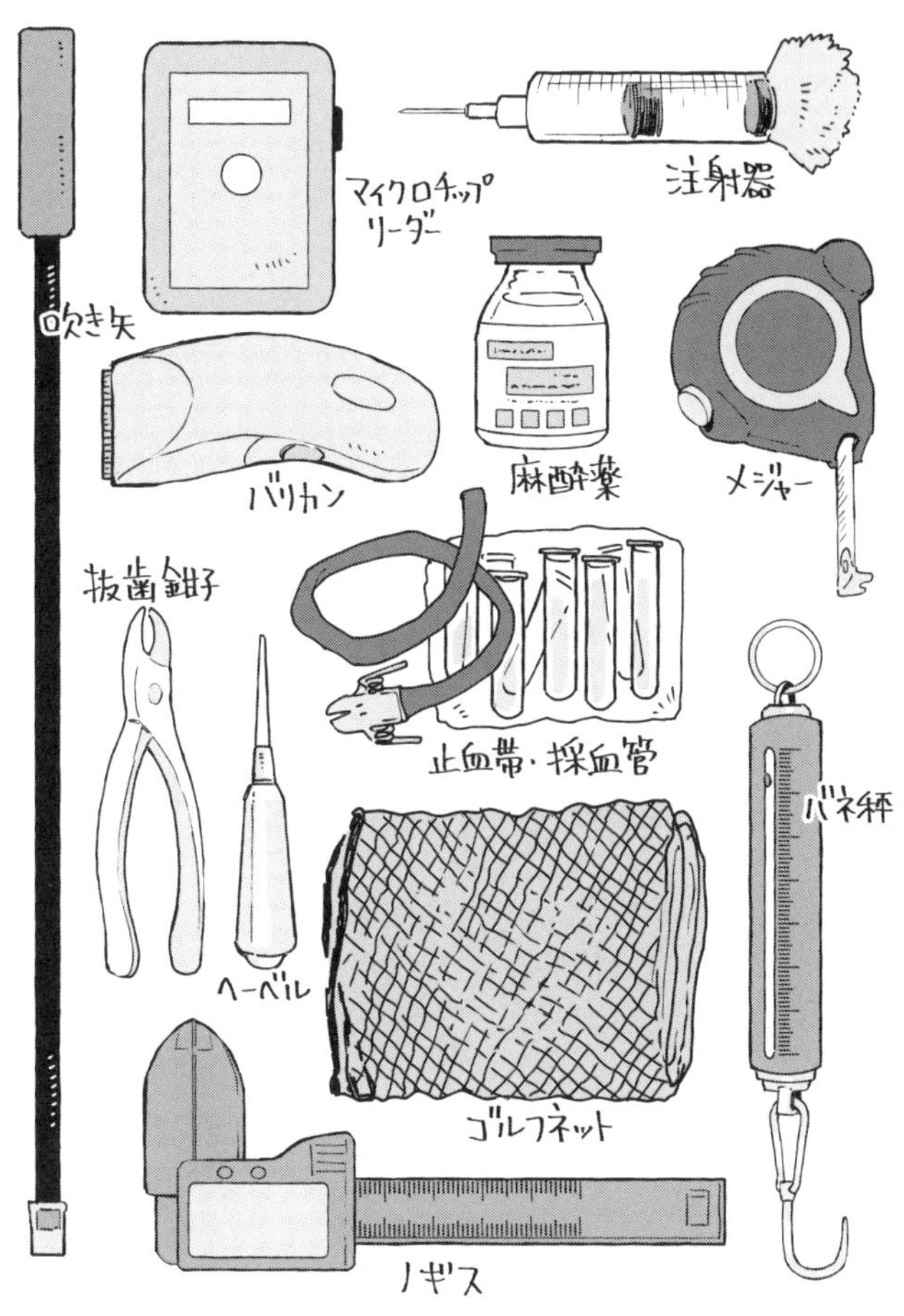

捕獲道具たち。マイクロチップは野生動物の個体識別にも使われる

さて、捕獲のための道具を紹介しよう。

まずは身長を測るためのメジャー。体重はクマをゴルフネットに入れてバネ秤で木に吊るして測定する。まれに現れる１００kgを超える超大物は、これを2本使って量ることになる。

採血も行うので採血帯も持参する。注射器と注射針も含めて採血の道具は人間と同じものを使う。このとき、毛が邪魔になるのでバリカンも持参する。今はやっていないが体脂肪を測るときも毛を剃る。

あとこれは最近の話だが、オスのクマの性成熟の度合いを調べるため、精密機械用のノギスを持参している。睾丸(こうがん)のサイズを測るにはこれがベストだ。

とまあ、これだけの荷物を持っていかなければいけないため、非常にかさばるし、重い。だから、クマ捕獲のためには最低４人、できれば5人以上で連れ立って行きたいところである。

そうそう。あと、人間の歯医者さんも使う抜歯鉗子(かんし)とヘーベル、吹き矢の筒、麻酔薬、テールピースという小さな房状のパーツも忘れてはならない。

吹き矢でケモノを眠らせろ

クマには吹き矢で麻酔をかける。

「麻酔銃は使わないんですか？」とよく聞かれるが、ドラム缶の中にいるクマまでの距離はせいぜい1〜2mである。そんな至近距離では、勢いが強すぎて体に刺さらずに跳ね返ってしまうだろう。衝撃でケガをさせるのも怖い。威力の調整がとにかく難しいのだ。

その点、吹き矢はほどよい威力で麻酔をかけられる。吹き矢を射出する筒の長さは約1m。そこに麻酔薬の入った専用の注射器を入れる。注射器のお尻にはテールピースと呼ばれる吹き流しを取り付ける。

狙うのは皮膚のすぐ下に筋肉がある肩や尻。注射器をセットした筒を勢いよく吹く。すると注射針はほぼ音も立てず、しかしかなりのスピードと勢いで真っ直ぐに飛んでいく。

「え、こんなに速いんですか!?」と初見の人が驚くぐらいに。

命中するとブスッと刺さって麻酔薬が注入され、しばらくすると麻酔薬が効いてくる。そうしたら、罠からクマを引きずり出す。このときクマにはタオルなどで目隠しをする。そうすることで測定中にクマの目が傷つくのを防ぐことができる。

　また、光を感知すると麻酔の効きが悪くなるので、それを防ぐ意味もある。実際、測定中に麻酔が切れてクマに動かれることがあるのだ。たまに麻酔が効きにくい個体もいる。そういうクマがノロノロ動き出すならまだいいが、急にガバッとすばやく動き出すこともあるから肝が冷える。

　トラブルがなくても、クマが麻酔で眠ってくれるのは約1時間だ。

　その間に身長を測り、体重をバネ秤で量る。さらにクマがほとんど使わない前臼歯（きゅうし）と呼ばれる奥歯を抜く。歯にも年輪ができるので、それを数えることで年齢

麻酔をかけたクマを罠から引き出す（撮影：二神慎之介）

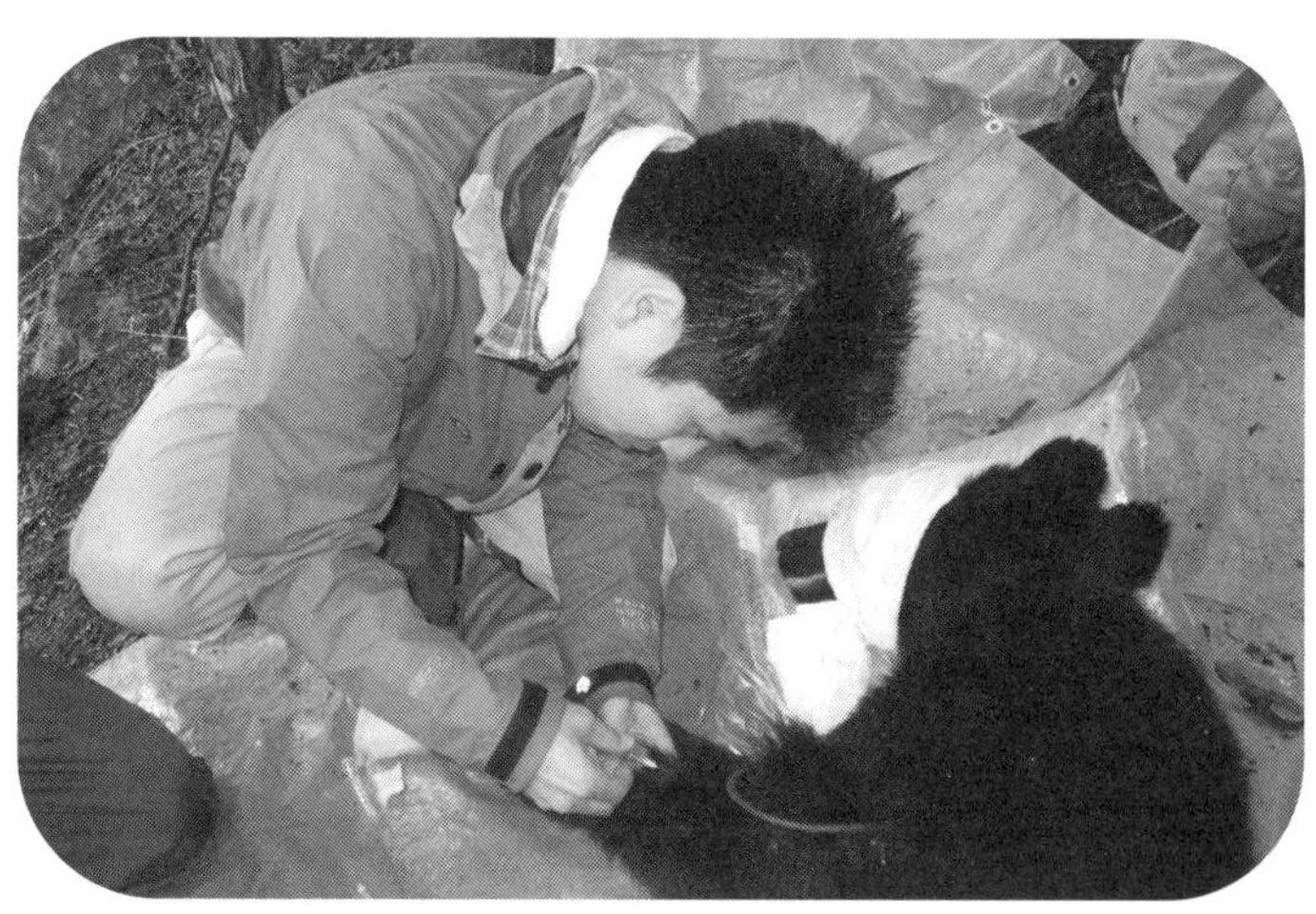

捕獲したクマの採血をする著者（撮影：山﨑晃司）

を推定できるのだ。

採血もするし、毛根ごと引っこ抜いた体毛も持ち帰る。血液からは遺伝情報や発情の有無などがわかり、体毛からはクマが何を食べているかの情報が取れる。

測定項目はフォーマットの決まったシートに記入していく。あらかじめフォーマットを作っておくことで、測定する人による測定項目の偏りがなくなるし、測定漏れも防げるのだ。

測定が終わったら個体識別のためのマイクロチップを耳の後ろの皮下に埋め込む。そして首輪を取り付けたら作業完了。全員そそくさと現場から退散する。こうして森に横たえられたクマは目が覚めれば晴れて自由の身というわけである。

とまあ、短い時間でこれだけの作業をやり切るわけだ。作業には熟練が必要だし、スムーズなチームプレイも要求される。

最近は学生たちに大きなクマのヌイグルミを使って事前講習を受けてもらっているが、本番に勝る勉強はない。やり直しのきかない緊張感の中、場数を踏んでもらうことが一番の上達法だ。

クマの名前は無機質が無難

捕獲したクマには名前も付けている。私は山梨の調査のあと、東京の奥多摩や栃木の足尾でも調査を行うことになったが、そこでは数字とアルファベットを組み合わせた無機質な名前を付けている。

その名付け方はこうだ。最初のアルファベットは、捕獲した場所を示す。奥多摩ならO、足尾ならA。その次のアルファベットは性別だ。オスはM（Male）、メスはF（Female）。そして、捕獲した順番に数字を付けていく。

名前の付け方は、そのフィールドで調査をする研究グループによってさまざまで、「ゴンタ」などの人のような名前を付けるケースもある。あるシカの研究者は捕獲したシカに息子と同じ「あきお」という名前を付けてしまった。これがよく捕まるシカだったらしく、研究者仲間が「あきおはバカだな」と悪気なく噂するのがとても嫌だったそうだ。

捕獲したクマの中には、後に農作物や養殖の魚などに手を出して、駆除された個体もいるし、ほかのクマとの競争に敗れてボロボロになったクマもいる。よくあることではあるけど、実はいつも結構暗い気持ちになるものだ。そんなクマを「タマ」「ポチ」「ゴンタ」などと親しみを込めた名前で呼んでいたらどうなるだろう。どうしてお前は果樹園を荒らしちまったんだ。せめてもの供養に肉を食べてやりたかった」「ああゴンタ、鍋にされるなんてかわいそうに！

感情移入しすぎて、絶対に号泣してしまう。これは絶対にダメ。私には無理だ。

そういう情緒的な事情は別にしても、長年の研究で、100頭を超えるクマを捕獲し、名前を付けていくには、アルファベットと数字で「台風〇号」みたいに機械的な名付け方が楽だったというのが一番だろう。味気ないかもしれないが、無機質で規則性がある名前は、記憶も管理もしやすいので理にかなっているのだ。

とはいえ、あまた出会ってきたクマの中には、特に強烈なキャラクターのクマもいて、そういう個体にはあだ名が付いていたりもする。

中でも「バカ君」のことは絶対に忘れられない。

ハニートラップに弱いクマ

すでに書いたように、クマを捕獲するときは、罠の中にハチミツ（正確にいうと、ハチの巣からハチミツを搾り取った後の搾りかす）を入れてクマを誘う。

例えばテンならば、唐揚げやキャラメルコーンなど、さまざまなエサで試行錯誤してもなかなか捕まらない。その点クマはハチミツさえ入れておけばすぐに罠に入ってくれるのである。

「そんなベタな話があるわけないだろう」と思われるかもしれないが、クマは本当にプーさんのようにハチミツに目がないのだ。

しかもハチミツはとても扱いやすい。以前、シカの肉を置いてみたこともあったのだが、やはりハチミツのほうが食いつきがよかった。それにシカ肉は放っておくと腐ってくる。ウジがわいたり、ニオイに釣られてスズメバチが食べに集まってきたりするのだ。だから罠用のエサには向いていない。

非常にまれだが、ハチミツ欲しさに何度も罠に入るクマもいた。その1匹が足尾にいたAM01というクマ、通称「バカ君」だった。

2005年、足尾の山には上から下まで全部で3ヶ所の罠を設置していた。私たちは一番上の罠にかかったクマを身体測定するためにやってきたのだった。そこに入っていたのがAM01である。当時1歳半で母グマから別れたばかりのオスだった。

私たちはいつものように約1時間で作業を済ませて解放した。その後、ほかの場所で別の調査をして帰路に就いたところで、今度は中腹の罠にもクマが入っているのに気づいた。これは運がいい。1日で2頭捕獲できるなんて。

ところが、懐中電灯の光を当てて中を覗き込むとすでに首輪が装着されているではないか。どうやら一度捕まえたクマがまた罠にかかったらしい。しかも、首輪の特徴から今朝解放したＡＭ01に違いない。

捕獲チームに落胆が走る。

「こいつは……上で捕獲したクマですよね」

「本当だ、ＡＭ01だ。こいつ、またちゃっかりハチミツ食べてるじゃないか！」

仕方がないので、罠の扉に長いロープをひっかけて、遠く離れた車の中からロープを引っ張り、扉を開けて解放してやった。

今度は一番下の罠にもクマが入っているのに気づく。まさか同じクマが3度罠に入るなんてことがあるわけがない。と、私だって思っていた。そう、まさにこのときまでは。

「またあいつですよ。もう勘弁してくれ」

「ああ、どれだけハチミツ好きなんだよ……」

「もう何もする必要ないでしょう。このまま出しちゃいましょうよ」

「いやいや、さすがにそのまま逃すのは危ない。用心するに越したことはないから、

さっきみたいにちゃんとロープを使って逃そう」

そうやって律儀に対応していた私たちだったが、ＡＭ01はその後何度も罠にかかってくれた。彼がどういう奴だかわかってくると、逃してやるたびロープを結ぶのすらバカらしくなる。

いつも捕獲の邪魔をして、無駄な作業を増やすこのクマに私たちは怒りを通り越して呆れ果て、いつしか「バカグマ」または「バカ君」と呼ぶようになっていた。二度と罠にかからないように花火で大きな音を出したり、罠をガンガン叩いたりして怖がらせようとしたこともあった。それでもあまり動じる様子がなく、罠に入り続けるのだった。

エサの味を覚えて何度も罠に入る個体は、専門用語で「トラップハッピー」と呼ばれている。ＡＭ01は典型的なトラップハッピーだった。

人間にしてみれば、いきなり暗い場所に閉じ込められ、麻酔を打たれてあれこれ体をいじられて、また罠に入りたいという気持ちが理解できまい。ＡＭ01の場合、それよりハチミツの魅力が勝ってしまっていたのだろうか。

それだけではなさそうだ。ＡＭ01は人を怖がることもなく、私たちがかなり近くにいてもまったく気にしなかった。

ネコやイヌだけでなく人間も含め、動物というのは若いほど好奇心が強い傾向がある。もしかしたら彼は人間に興味を持って、私たちを観察していたのかもしれない。

生まれ持った気質もおそらく関係があるだろう。ツキノワグマとは思えないほど、おおらかで神経が太い奴だった。決してバカではなく、なかなかのしたたか者だったと思う。

ここまで極端な個体はまずいないが、罠のリピーターになるクマはたまにいる。かと思えば、警戒心が強くてなかなか入らないクマもいる。

それぞれに個性があるのは人間だけじゃないことを思い知った。

クマを追って数百kmをドライブ

発信機を取り付けたクマの追跡は捕獲とは違う意味で大変な仕事だ。今でこそＧＰＳ受信機付きの首輪が主流になり、山間部でも悪くて数十ｍの誤差で追跡ができるようになった。

しかし、山梨で調査を行っていた大学3年生から修士にかけては、そんな便利なものは使えなかった。捕獲したクマに首輪型ＶＨＦ発信機を装着して、そこから出る電波を頼りにクマを探す「ラジオテレメトリー法」というのが主流だった。

「何それ？　難しそう」と思われるかもしれないが仕組みはシンプルだ。

クマに取り付けた首輪は電池が切れるまで四方八方に電波を飛ばし続ける。それを大きなアンテナとラジオみたいな機械で拾えれば、電波の出所を割り出して「クマさんみっけ！」となる。すごく簡単にいえばそういう方法である。

ただ、実際にそれでクマを探すのはとても骨の折れる作業だった。

まず、電波を受信するためのアンテナを車の屋根に設置する。その車でクマを捕獲した森の道や一般道を、ときには高速道路をひたすらドライブする。

車の中にはアンテナとつながったレシーバーというラジオに似た機械があり、基本的にザーッという砂嵐のような音しか聞こえない。しかし、チャンネルを変えて電波を探していくと、ときおり「ピピッ」という音が聞こえることがある。それがクマの首輪からの電波を受信したというサインだ。

この「ピピッ」を受信するまでが長い。1日200㎞くらいドライブするのはざらである。富士山の北の山梨県側で発信機を付けたクマを探しに行ったら、南の静岡県側で見つかることもあった。

ピピッ音が聞こえたらすぐに車を止めて、携帯用の八木アンテナとレシーバーを持って下車する。

八木アンテナは1mぐらいの棒で横方向にさらに3本細い棒がついたもの。ア

ラジオテレメトリー法の概念図。3ヶ所以上でアンテナを振って居場所を特定

ンテナの先をあちこちに向けながら移動すると、発信機から出た電波が出ている方向を向いたときにとりわけ大きな音が聞こえる。だから、最初に電波を拾った時点でクマがいる方角だけは大体予想できる。

わからないのは距離である。例えば電波が東の方から発信されていたとして、何m先に発信機があるのかはわからない。そこで3ヶ所以上でアンテナを振り、地図上で電波を拾った地点からアンテナを向けた方向に向けて線を引く。その3本の線が集中しているあたりにクマがいることがわかるというわけだ。

しかし、クマは動物だ。しかもめちゃくちゃよく動く。1日に5㎞、10㎞移動することだってある。起伏の激しい山地や障害物の多い森林に住んでいることを考えれば、とんでもない機動力だ。

実際にツキノワグマは、木登りがとても上手だし、険しい崖や斜面をすごいスピードで駆け上ったりする。平地を走るスピードはよくわかっていないが、ヒグマの全速力が時速50㎞以上なのを考えると相当速いはずだ。

だから、最初の電波をキャッチしてからのタイムリミットはせいぜい5分。その間に、3地点で電波を受信しなければならない。山奥で電波を拾ったときは、急斜面を上り下りすることもあるし、藪漕ぎをすることもある。藪の草木にアンテナが引っかかって折れてしまったこともあった。めちゃめちゃ過酷なのである。

そこまでの苦労をしてもクマが見つかるとは限らない。山岳地帯では首輪から出た電波が崖で反射し、実際はクマがいない方向から飛んできた電波を拾うことがあるからだ。気配を察知して逃げられることもしょっちゅうだし、うまくいったところで誤差が数百m出たりする。

山梨でのラジオテレメトリー法でのクマ探しのときは、とにかくたくさん発信機を付けて探しまくった。電波がうまく受信できない雨の日もカッパの中に無線機を入れながら探した。

にもかかわらず多くのクマを探し出すことができず、「いなくなっちゃったね」で終わることが多かった。

緑の回廊の予備調査としては十分なデータが取れたものの、研究用には難しいと思った。

ただ、クマを追って野山を駆けずり回った経験は研究者としてのちのち大きな財産になった。クマがとんでもなく動く動物だということを、身をもって学ぶことができたのだから。

探検部仕込みの読図術が生きる

探検部に所属していたことは、私が山梨で捕獲を手伝うきっかけになっただけでなく、実際に活動するのにも役立った。

特に読図（地図を読む）の技術を身に付けていたのは大きかった。私の学生時代は、ハンディGPSも、スマホの地図アプリもなかったころである。だから、クマのウンコを探すにも追跡をするにも、地図を読んで方位磁針で自分の現在位置を確認するところから始まる。

探検部では私は沢登りをよくやっていたが、沢の中はどこも景色が似ている。だから自分がどこにいるかを把握するには、本流と支流の角度や斜面の傾斜などから推測するしかなかった。山を歩くときも、特に人工林はどこも似たような風景になる。道に迷わないために、尾根の角度や沢の入り方、対岸の山の見え方などを観察して、地図と照らし合わせたものだった。

私はクマのことを何も知らなかったが、地図を読めたので山の地形や環境をすぐに理解して、ウンコ探しに活用することができた。短期間にたくさんのウンコが拾えたのもそのおかげだと思う。地図が読めなければもっと道に迷っていただろうし、ウンコの発見場所のデータすら正確に取れなかっただろう。

ラジオテレメトリー法でのクマの追跡にいたっては、地図が読めなければ何もできなかったはずだ。

今はスマートフォンやGPSなどがあるが過信は禁物である。電池が切れたり故障したりすることもあるし、山で落として壊れることだってある。GPSの位置情報の時差が原因で道を間違えることだってあるだろう。

何より地図を読むことは山や森を、つまり動物たちが住んでいる環境をよく観察することにもつながるのだ。だから、今でも学生には地図の読み方をしっかり教えるようにしている。

考えてみれば、不真面目な学生だった私が研究の世界に入れたのも、今日までやってこられたのもそれまでの研究者にできないことができたからだと思う。

野生動物の研究者はみんな懸垂下降ができるか？　沢登りができるか？　クマが生活している山地や森林を遭難せずに踏破することができるか？　できないのが普通だろう。そこにたまたま、全部できる私が就職氷河期で職にあぶれて迷い込んできたわけだ。

研究者は頭脳労働者だと思われがちだが、私の場合は違う。俗にいうガテン系であ

る。肉体労働者としてこの道に入り、体力勝負のフィールドワークを重ねて論文を書いてきた。ほとんど誰も本気でやろうとしなかった調査もやってきた。

冬眠調査もそのひとつである。

クマの冬眠穴は超デンジャラス

クマの研究を始めたときは、周囲から「クマは冬眠するからクマ研究は季節労働者だね」といわれたものだった。でも、私は探検部で雪山登山の経験があったので、冬眠中のクマの調査も行ってみようと思ったのである。

冬眠穴の研究は、私の前には1人しかやっていなかった。海外では何十年も前からわかっていたのに、日本ではほとんどわかっていない。

そりゃそうだろう。クマが生息しているような山奥を真冬に探索するのは、それなりの技術と経験が必要だ。冬山に入る装備も必要になるし、一式揃えると結構お金がかかる。私のような気軽さでやってみようと思った人はまずいなかっただろう。

初めて冬眠穴の調査に出かけたのは、修士1年生のときで、調査場所はやはり山梨だった。山梨の会社の社員の人で興味のある人と連れ立って、ワカン（「輪かんじき」

の略称で、雪の上を歩くときに足が埋まりにくくするために靴に取り付ける道具）を付けて雪山に入った。

冬眠中なのでクマは動いていないはず。ということは、発信機を付けた個体ならば簡単に探せるだろうと期待していたのだが、甘かった。

クマが岩穴や谷の奥深くに入ってしまって電波が拾えないのだ。電波をキャッチできても「そこは人間には無理」と探検部で鍛えた私ですら血の気が引くような場所ばかりだった。1年目は空振りに終わった。

しかし、2年目の春、行動範囲が狭いメスの電波をキャッチした。そこは集落の近くで比較的アクセスしやすい場所だ

冬眠場所を探して雪深い山中でアンテナを振る（撮影：葛西真輔）

ったが、険しく切り立った尾根だった。そこに木が生えていて、その根っこの下に空いた大きな空間に冬眠していたらしい。尾根をよじ登って冬眠穴に着くと、興奮のあまり私は穴に顔を突っ込んでしまった。

「やった。ついに見つけましたよ！」

目の前に大きな黒い穴が2つ現れた。それは寝ているクマの鼻の孔(あな)だった。

このときのことは思い出すたびにゾッとする。初めてクマの冬眠場所を発見できたのはとても嬉しかったのだが、あれは私があまりにも軽率で死んでいてもおかしくないほど危ない状況だった。

あとでわかったのだが、このメスは穴の中で出産して子育ての最中だったのだ。招かれざる客から我が子を守ろうとすれば攻撃的にもなるだろう。一歩間違えば冬眠の邪魔をされたクマを激怒させて襲われていたかもしれない。

近くにビデオカメラを設置して、さあ観察するぞと意気込んだものの、ほどなく子どもを連れて引っ越しをしてしまった。この冬眠穴には2つ出口があって、母子は裏口から出ていったらしい。やかましい人間に見られながら子どもを育てる気になれなかったのだろう。このときの反省から、冬眠穴を見つけたときは少し離れて観察するようにしている。

山梨の場合、クマの冬眠場所は、人がやすやすと近寄れない急峻な場所が多かった。やはり崖の上の木の根元の空間とか、濃い藪に囲まれた崖の上とか、尾根の真下にある沢の源流の近くとか、恐ろしくアクセスが悪いところばかりだった。

おそらく山梨では特に冬眠の時期が狩猟のシーズンに当たるため、人間を恐れていたのだろう。

その後も現在にいたるまでたびたび冬眠穴の調査は行ってきた。ときには命の危険を感じるようなハプニングもあった。それはあとでお話ししたい。

ちなみに冬眠以外の場合、クマは意外なほどその辺に転がって寝ている。どうやら寝心地重視で場所を選んでいるようだ。大きな木の根元の少しフラットになったところに寝ていることがある。

針葉樹の上も森のクマたちの間で人気である。枝が横に伸びて安定した寝床になるだけでなく、夏場は下から風が吹いて涼しいのでなかなか寝心地がいいらしい。地面に寝るときは平坦な場所を選んでいる。藪がちな場所では、ツルなどでベッドを編んで寝ているクマもいた。

コラム　富士吉田警察署との奇妙な因縁

探検部の経験が思わぬ形で今につながっているエピソードをもうひとつ紹介しよう。探検部では青木ヶ原の樹海に行き、クロスカントリーをやるのが新歓（新入生歓迎会）の恒例行事だった。青木ヶ原といえば自殺の名所として知られているが、入ってみるとやはり死体が多い。

「これ、サルノコシカケかな？」と思ってよく見たら、人間の骨盤だったこともある。道路の近くで死体が見つかったときは警察に通報した。ちなみに、青木ヶ原の中を巡ってわかったことだが、死体は道路の近くに多く、本当に奥まったところには実はあまりないものである。

その後も青木ヶ原とは付き合いが続いている。

山梨でクマの調査をしていたときは、発信機を付けたクマが青木ヶ原まで行くことがあり、それを追いかけたこともあった。研究者になってからは、富士吉田警察署などのお巡(まわ)りさんからたまに連絡が来る。それは私が何か悪いことをしたからではなく、

樹海で見つかった死体の死因や隠ぺい工作にクマが関わっているかどうかを問い合わせてくるからだ。

例えば、刑事さんから、

「なんだかご遺体の埋め方が雑なんですよね。もし人間が隠すのだったらもっと見えないようにしっかり埋めるはずなんじゃないですかね」と質問される。

確かにクマは自分の獲物に石や草などをざっくりとかけて隠すことがある。

だから、

「それはきっとクマのしわざでしょうね」と答えたりするわけだ。

しかし、こんなことを書くと、

「えっ、ツキノワグマって人を食べるの？」と思う人もいるかもしれない。しかし、山梨県でクマに発信機を付けて調査を行っていたとき、青木ヶ原のあたりでクマの居場所を示す点が不自然に長い間止まっていることが何度かあったのだ。

青木ヶ原の森を構成している木はツガやヒノキなどの針葉樹が多く、ツキノワグマの好むドングリなどの食べ物は少ない。なのにそこで止まっているということは……。おそらく、そういうことなのだろう。

誤解のないようにいっておくが、ツキノワグマは生きた人を襲って食べることはま

ずない。あったとしても非常に特殊なケースだと思われる。ただシカなどの動物の死骸はよく食べる。人間も例外ではない、というだけのことだと思う。

ともあれ、探検部時代に通報を入れていた富士吉田警察署とは、その後も不思議な縁が続いているのである。

3章 先生‼ 研究がしたいです……

大学3年生から大学院に進むまでは、山梨の山中でウンコを探しては拾い、クマを捕まえてはアンテナを振って追いかけて、とにかく山の中を歩き回る毎日だった。

就職に失敗して消去法的に進学した大学院だったが、研究者になろうなどという気はさらさらない。少なくとも大学院入試の時点では、修士課程は高校教師になる夢に再チャレンジするまでの腰かけでしかなく、いかに楽をして2年間をやり過ごすかばかり考えていた。

ところが修士論文で何をやろうかあれこれ悩むうち、私の心は思わぬ方向に傾き始めてしまう。

ひとつ、心に決めていることがあった。研究対象の動物は卒論に引き続きクマでいきたい。何なら師匠の古林先生に倣ってシカをやってもよかったのだけど、山梨でのクマ漬けの日々を無駄にはしたくなかった。ほかに選択の余地などあるはずもない。

ではテーマは？

よし、やっぱり種子散布だ！

気づかぬうちに私はクマ研究の面白さに目覚め始めていたのだ。胸の奥で研究者としての野心が育ち始めていた。

他人に押し付けられたクマの種子散布が自分のテーマになる

修士論文のテーマはすんなり決まったわけではなかった。

やりたかったのは、山梨で発信機を装着して追跡したクマの行動範囲や生息場所の調査をまとめることだった。ウンコ拾いの成果は卒論にしたから、今度は追跡調査を形にしたい。山梨のプロジェクトは修士1年で終わるが、発信機の電池が切れるまで追跡は続けられる。

「3年も山々を駆けずり回ってクマを追いかけたんだ。モラトリアムの墓標にふさわしい修論にしてやろうじゃないか」

とか思ったりもしたが、ラジオテレメトリー法での追跡には不安があった。山梨では、発信機を付けたクマの多くを追いきれずに見失ってしまった。追跡には手間がかかるし、電波をキャッチしても誤差が大きすぎて位置や動きは大雑把にしか特定できない。実地にやってきたからこそ欠点や限界も見える。そんな不確実で偶然任せの方法に、大事な修論を託す気にはなれなかったのである。

やるなら確実に結果が出るテーマを選ばなきゃダメだ。そこで思い浮かんだのが、卒論で散々頭を悩ませた種子散布だった。

あんなに他人の卒論をダシに盛り上がっておきながら、研究室には動物による種子散布を研究している人がいなかった。

誰にも聞けないので、動物が食べた植物のタネを移動しながらウンコでばらまく周食型の種子散布についての文献を読み漁ってみたが、そのほとんどは鳥類の研究である。哺乳類の研究もなくはなかったが、サルなどの霊長類やコウモリばかりで、しかも多くが熱帯での研究事例なのだ。

「野生で観察するのも飼って観察するのも楽な動物ばかり。こんな先行研究だけじゃ何のヒントにもならないじゃないか」

どうすればいいのかわからずに頭を抱えているうち、周食型種子散布の研究の重要なポイントに気づいた。

それは、それぞれの動物の「らしさ」を明らかにすることだ。

鳥類、霊長類、コウモリ類、爬虫類、魚類、それぞれ違う種類の植物のタネをそれぞれのやり方でまいていて、種子散布者としてキャラが立っていることはすでにわかっている。じゃあ、キャラが立っていないクマの種子散布を研究するならどうすればいい？

「クマがどんなふうにタネをばらまいて、どんな影響を植物に与えているのかを明らかにすればいいんだ！」

そうすれば「クマらしさ」が明らかになり、種子散布者としてのキャラが立つ。

山梨では卒論が終わってもウンコを拾い続け、約４００個を分析してきた。見えてきたのは、季節によって次々と食べるものを変えて、そのときどきの森の恵みを利用するクマの食生活だった。植物の割合は全体の約90％であり、１つの巨大なウンコには何百、何千のタネが入っていた。

そして追跡調査では、精度の高いデータこそ取れなかったものの、クマがいかによく移動する動物かを身をもって思い知らされている。

おぼろげに点が線につながり、研究のゴール地点が見えた気がした。

「クマって大量のタネを遠くまで運ぶキャラじゃない？」

いやいや憶測はダメだ。誤った先入観につながる。

そもそもクマが植物にとって害になっている可能性だってあるじゃないか。まずはそこから調べないといけない。そうだ、修士論文のテーマはその辺が妥当だろう。同時進行でクマの食事とウンコについて、どこかの動物園にでもお願いして基本的なデータも取らないといけない。クマの移動ももうちょっと正確なデータが取れないかな。

あ、そういえば山梨の会社にGPSを使った追跡装置の試供品が来ていたぞ。あれを使えば精度の高い追跡ができるんじゃないかな……。

とても2年では足りないが、これからやるべきことが見えてきた気がした。

こうして私の22歳の春は過ぎていった。

今にして思えば、他人に与えられたクマの種子散布というテーマを自分のものにしていく時期だったような気がする。

クマよ、お前は本当に植物の役に立っているのか？

クマが種子散布者ではないかという話が出たときから、ひとつ引っかかっていたことがあった。

クマは木に登って果実を食べる。クマ棚などというものができるほど枝をバキバキ折って、木になっている実を貪り食うのだ。それは植物にとって迷惑でしかないのではないだろうか。下に落ちた果実ならともかく、木になっている状態なら未熟なものもあるだろう。そのタネは発芽しないのだから、どれだけ遠くまで運ぼうと、栄養たっぷりのウンコに混ぜて出そうと意味がない。

それでもクマは種子散布者だといえるのだろうか。

「まさか、果実がちゃんと熟したタイミングを見計らって木に登って、発芽できるタネだけをばらまいているというのだろうか？　そんなバカな……」

クマのウンコから出てきた植物は、そのつどウンコを拾った近くの草木から採取して自分でも試食してきた。思えばどれも旬の一番おいしいタイミングを狙いすましていたような気がする。

そういえば「植物はタネが発芽できる状態になったときに、果実の栄養価と味をベストに持ってきて動物を誘引（ゆういん）する」という話を聞いたことがある。

もしかすると、本当に成熟した果実

クマはとにかく器用にすばやく木や崖を登る（撮影：小川羊）

だけを食べているのかもしれない。

果たして植物にとって、クマは未熟な果実でさえも食べてしまう迷惑な動物なのか、はたまた優れた種子散布者なのか。

どちらにしても調べてみる価値はありそうだ。

卒論のときのウンコや電波発信機による追跡調査のように、野生動物頼みの研究はデータがいつ拾えるかわからないから、どこかバクチのようになってしまう。その点、植物はクマと違って動かないから確実にデータが取れるだろう。2シーズンで完結させなければならない修士論文のテーマにはぴったりだった。

地元の人に怪しまれながらヤマザクラを調べる

ここで、クマの山での生活の痕跡となるものについてもう一度おさらいしたい。

1つ目はウンコ。これがあれば、クマがそこにいたことも、何を食べたのかもだいたいわかる。

2つ目は「クマ棚」である。これはクマが木に登って果実を食べたときの痕跡だ。クマが実を食べるために枝を強引にたぐり寄せるのだが、バキバキに折れたものが樹

上に残って、巨大な鳥の巣のような見た目になる。

3つ目は、クマが木に登るときに幹についた爪痕だ。

修論を書くため、私はクマがいつ木に登ったのかを調べて、そのタイミングで果実や種子が成熟しているかどうかを調べることにした。

つまり、木の幹を一定期間ほぼ毎日確認し続けて、いつ爪痕がつくのかを確認し、それと並行して果実がどれくらい熟しているのかを調べる。そして、クマが食べたタイミングでタネを採取してちゃんと芽が出るかどうかを試すのである。

とはいえ、森に生えているすべての木を調査するわけにもいかない。どんな種類の木を調査するかを絞り込む必要がある。そこで、これまでウンコを探していたときのメモをもとに、山梨のフィールドにどんな木が生えているのかを洗い出した。それをもとに、クマのウンコが見つかった場所、爪痕やクマ棚がどこの木にあったか、その木に果実がどの時期にできて熟すのかを正確に記録することにした。

地面を凝視してウンコを探しつつ、木の上を見てクマ棚を探すという作業は地味にきつい。首から双眼鏡とカメラをぶら下げているから肩が凝るし、上と下を交互に見ながら歩くので首がとても疲れる。

さらに、樹木の調査を始めてすぐ、木の種類を記録しようとして手が止まり、「しまった！」と頭を抱えた。すっかり忘れていたが、そもそも私は植物の名前を覚えるのが苦手なのだ。大学3年生のときに受けた、「樹木学実習」という樹木の名前をひたすら覚える実習で散々苦労したのに、その知識が自分で選んだ修論テーマで必須になるとは、なんたる皮肉か……。

ところが、今回はなぜか苦もなく樹木の名前を覚えられた。きっと機械的な暗記ではなく、目的と必要性がはっきりしていたからだろう。人生、苦手分野が思わぬところで役に立つのである。食わず嫌いはいけないのだ。動物の研究でも植物の知識をおろそかにしてはいけないことを痛感した。

この調査でわかったのは、ヤマザクラやサルナシなどの液果（果汁の多い果実）は、見るからに熟した状態になるや、すぐにクマに食べられるということだった。調査は2年がかりだったが、どちらかの年は果実ができない木もあったし、果実が熟す時期もずれていた。それでもクマは、果実が熟した短いタイミングをピンポイントで狙ったかのように、木に登って食べていたのだった。これはウンコだけ拾っていてもわからなかったことで、首を痛めてでもやる価値のある調査だった。

ただ、これだけでは論文にまとめるにはまだ根拠が弱い。クマが果実を食べるタイミングとそのときの果実の状態についてもっときっちりしたデータが必要だった。

まずはクマがよく食べる液果がなる木の、果実の栄養成分、その成熟過程、タネの発芽が起こる仕組みを調べてみることにした。しかし、この情報が驚くほど見つからない。

結局、樹木に関する情報というのは、スギやヒノキやリンゴなど木材や果樹といった、人類が利用する木に関するものばかりなのだ。こういう木は、より効率よく繁殖させたり、おいしい果実を作ったりするために研究が重ねられているから、たくさんのデータが蓄積される。しかし、人類が利用しない木は、ほとんどの人にとってお金にならないどうでもいい存在なので、あまり研究されていないのだ。

ラッキーなことに、山梨でクマが好む液果を実らせる木のなかで、ヤマザクラのデータだけは見つかった。実がなるのは6～7月である。クマにとってはほかに食べられる果実がない時期なので、実を食べた痕跡は見つけやすそうだ。しかも、ヤマザクラは極端な凶作があまりない。というわけで、データを取る木の種類をヤマザクラに定めたのだった。

では、どの木を調査対象にしようか。山の中には数え切れないほどヤマザクラが生えているが、それを全部調査するのは無理である。そこで、果実を採取して成熟具合の基準にするための木と、クマが果実を食べたかどうかを調べる木を選ぶことにした。

成熟具合を見るほうは、数ヶ月間にわたって果実を採取し続けるので枝ぶりのいい木を選びたい。それに、しょっちゅう通うから行きやすい場所にあると助かる。

そうなると人里に近い場所に生えている木がいい。勝手に調査して思わぬところで地元とトラブルになってしまっても困るので、あらかじめ調査について説明をして理解を得ておく必要がある。

ちなみに、調査地の地元というのは、キャンプ場で働く人たちや林道工事の関係者、そして水道関係の仕事をしている人たちである。これまで私が山でウンコ拾いをしていたときから、彼らとはたびたび山中で顔を合わせていた。普段は挨拶を交わすくらいの間柄だったが、

「東京からわざわざ、また来ているのか！」

「クマのウンコなんか拾って、物好きな学生さんだねえ」

などと思われていたようだ。顔なじみでもあったし、クマに対しても「いてもいなくてもいい動物」くらいの認識で、さほど強い関心も抱いていなかった。だから特に反発を受けるでもなく、

「まあ、いいんじゃない」と、あっさりお許しをいただくことができた。

102本のヤマザクラを3ヶ月間パトロール

クマが果実を食べたかどうかを調べる木は、ウンコ拾いで通い慣れたフィールドから102本をピックアップした。自分の庭も同然なのでクマが登ってくれそうな木の見当がつくのだ。

調査ルートのヤマザクラが生えている標高は750～1150m。ヤマザクラで有名な奈良県の吉野山がわかりやすいが、花は標高の低いところから咲き始め、徐々に高いところの木が開花していく。

山梨の調査地では、例年一番開花の早いものは4月中旬で、最も遅いもので5月上旬だった。そこで、この期間中の開花日を確認するために、毎日のように山に入ってつぼみと花の数を数え続けたのだった。

開花の次は果実の結実と成熟の調査である。ヤマザクラの果実は熟すにつれて緑色から赤、黒に変化していく。私は色を確認しながら果実を採取して、ノギスで大きさを、糖度計で糖度を測定した。この果実の採取は2日に1日の頻度で、毎回100粒以上を採取した。

さらに同時進行で、採った果実のタネが発芽できるのかどうかを調べる試験をやったり、木の上の果実の数がどのように変化していくのかを調べたりした。

このようなヤマザクラ自体の調査とともに、クマが木に登ってヤマザクラの実を食べたかどうかのチェックもする。

この調査を行っていた修士2年のころには、山梨の野生動物保護管理事務所のプロジェクトが終わり、拠点として借りていた一軒家は使えなくなっていた。

そこで私は河原にテントを張って寝泊まりすることにした。ルートは水平距離こそ5㎞くらいだが、高低差が500mぐらいはあったので、1日で調査するのは無理だった。

山の斜面を上り下りして藪を漕ぎながら、ヤマザクラの果実を観察してクマの爪痕をなめるように探した。1日の調査が終わったあとはテントで忘れないうちにデータを整理し、論文を書いた。

何度こうして山に通い、同じ道を歩き回ったことだろう。いつものコースをパトロールしていたある日、目の前の景色が違うことに気づいた。ヤマザクラの木の周りの地面に、葉や枝が散らかっていて、その枝には果実が食べられた痕が確認できた。息もできないほどドキドキしながら木の上を見上げると、

「クマ棚だ！」

ようやく見つけた。これで修士論文を終わらせることができる。あまりにも嬉しくて思わずガッツポーズをしてしまったほどだ。実をいうとクマが木に登っているのを確認できなかったら、ヤマザクラについての修士論文にするしかないと覚悟していたのだ。このときのことは今も忘れられない。クマの痕跡でようやく肩の荷が下りた気持ちになったのだった。

最初の発見を皮切りに、続々とクマ棚が確認できるようになった。結果的に102本のヤマザクラのうち24本に、クマが実を食べた痕跡を27回確認することができたのだ。山で木の調査を始めてから、こんなにいっぱいクマ棚を見たのは初めてだった。この年、運よくヤマザクラの果実は豊作だったのである。

クマはサクランボの旬を知っている

この調査によってクマが食べた痕跡が見られたヤマザクラは、どれも開花54日目から66日目の限られた期間だということがわかった。この時期のヤマザクラは、果実が黒くなり、最も大きくなって糖度が高くなる（私たちが食べるサクランボほどは甘くはない）。

余談だが、初めてクマ棚を発見した数日前にも実はクマが木に登った痕跡を確認していた。しかし、クマ棚は確認できなかった。おそらく、その木はヤマザクラの開花から50日目で、まだ十分に実が熟していなかったので、クマは木に登ってみて、「まだおいしくなさそうだな。やーめた」と食べずに降りてきたのだと思われる。

やっぱり、クマは果実の旬を知っていた。ちゃんと成熟した頃合いを見計らって木に登り、旬の果実を食べていたのである。

なお、タネはというと、開花50日後あたりから発芽できるようになり始める。もちろんクマが食べるほどに熟した果実の中のタネは、ほとんどが発芽できる状態だ。「植物はおいしい果実を動物に食べさせて、タネを運んでもらう」というのは本当だったのである。

もうひとつ、ヤマザクラの果実の数を数えていてわかったことがある。

クマが実を食べ始めて10日ほどが経ったころから、樹上の果実が次々と消えていった。果実が落ちることは開花直後からよくあった。その場合は果柄（かへい）と呼ばれる、サクランボの柄の部分ごと地面に落ちていた。しかし、成熟後に消えた果実の果柄は木に残っていたのである。これは鳥が果実を食べた痕だと思われる。

クマは鳥によって果実が食べられる直前のタイミングで木に登り、果実を貪ってい

たことになる。

どんな方法でタイミングを知るのかはわからないが、果実が熟したらすぐさま察知し、鳥に取られる前に木に登って食べているのだ。クマはなんという敏感なセンサーを持っているのだろう。

興味深かったのは、森林の標高差がクマの食生活を支えていたということである。ヤマザクラは標高の低いところの木から咲き始め、徐々に標高の高いところの木が開花していく。私が調査した限りでは、標高が１００ｍ上昇するごとにヤマザクラの開花日は7〜9日ほど遅くなっていた。実が熟すのも同じように、標高の低いところから高いところへと移っていく。

クマはそれがわかっていて、最初は標高の低いところに生える木に登り、そこから徐々に山を登って行って、標高の高いところに生える木の実を食べていたのだった。

もし、一斉に実が熟していたなら、クマはすべてを食べきれないし、食べられる期間も短くなる。

しかし、下から順に実がついていけば、クマは長い期間ヤマザクラの実をたくさん食べ続けられるのだ。

日本は狭い土地に急峻な山が多いという地理的な特徴がある。標高差のおかげで植物の開花と結実の時期がずれていくので、クマはいつでも旬のものが食べられるのである。

果実をナンバリングしていたので鳥に食べられたのにも気づいた

というわけで、修論を書く動機にもなった「クマは種子散布者といえるのか？」という問いだが、私はやはりそうだろうという結論に達した。果実はタネが発芽能力を備えた時点で成熟し、クマはその一番おいしい状態でだけ実を食べる。一瞬でも迷惑な奴だと疑った私が愚かだった。植物にしてみれば、種子散布者としてこれほど理想的な動物はほとんどいないのではないかとすら思う。

クマレンジャーの就職

こうして無事修論を書き上げた私は大学を離れた。このころには研究が面白くなってきて大学院に残ることも少しは考えたのだが、当時私の周りには博士課程に進む人がほとんどいなかった。だからさらに3年大学院に残るイメージができなかったし、たとえ将来研究者になるにしても、一度大学の外に出ておいたほうがいいとも考えていた。

それに、やっぱり高校教師になる夢も捨てきれていなかった。結局教員採用試験には合格できず、ついに夢は夢のままに終わった。それでも職を得ることはできた。就職先は、日本生態系協会という環境系ＮＧＯである。この団体は学校ビオトープを普及させる活動をしたり、ビオトープを維持管理するためのノウハウを持つ人に「ビオトープ管理士」という資格を与えたりしていた。

もちろん、学部生のときからお世話になっていた山梨の野生動物保護管理事務所に勤めるという選択肢もあった。しかし、そこしか会社を知らないことで自分の視野が狭くなってしまうのが心配だった。

ほかに大型哺乳類を扱える職場は、環境省の外郭団体である自然環境研究センターがあったのだが、残念ながらその年は募集がなかった。そこで環境系のNGOを当たったところ就職が決まったのだ。

クマから離れてしまうが、やはり自然と関わる現場にいたかったのだ。実際、そこで働くのは楽しくて、仕事にもやり甲斐を感じていた。

そうはいっても、いつも学生時代のことが懐かしかったのも事実である。山々と森を駆けめぐった6年間は、普通に生活していては味わえないような経験の連続だった。周囲の人たちの好意や縁に恵まれて、充実した日々を生きることができたのだ。

その体験を今の職場で活かしきることができるのだろうか。まだ何かやり残したことがあったのではないだろうか。このまま仕事を続けても後悔しないだろうか。日に日にそんな葛藤が募っていくのを自覚し始めていた。

就職してもウンコ拾いがやめられない

日々の葛藤を振り払うように、月2回は気分転換がてら山梨の山に入った。そしてウンコを拾っていた。

なぜウンコを拾い続けていたのかというと、ちょうどそのとき、わりと多くのクマ研究者が読み、引用していたアメリカ・イエローストーンのヒグマの論文が印象に残っていたからだ。その論文には、

「6年間ウンコを拾い続けてきたところ、果実の豊作・凶作や気象条件の変化に応じて食べ物も年ごとに変化することがわかった。だから最低でも4年、できれば7年以上はデータを取らなければいけない」と書かれていた。

確かに、自分が山梨で4年間拾い続けてきたウンコの構成物を見ても、毎年のように違っていた。やっぱり、ウンコ拾いはまだまだ続けなければ！ それと、この論文で拾ったウンコの数を超えたいんだよな。

このときは山梨だけではなく、東京の奥多摩の山中にも入って、クマ以外の動物のウンコも拾っていた。実は私は修士のころから茨城県自然博物館の山﨑晃司さん（現東京農業大学教授）が中心になって結成された「奥多摩ツキノワグマ研究グループ」

というグループに加わり、調査の手伝いをしていたのである。

このときは、秋田県でクマの飼育実験をしたときにコンビを組んでいた葛西真輔君（現　合同会社ワイルドライフプロ。秋田での話は4章を参照）や、ザイルワークが巧みで手先が器用な後藤優介君（現　茨城県自然博物館）など仲のいい後輩も一緒だった。

このボランティア活動は就職後も続き、仕事が休みの日には奥多摩の山にも入り、クマのほか、テン、タヌキ、アナグマやキツネなどのウンコも拾っていたのだった。なぜほかの動物のウンコも拾っていたかというと、これらを調べればクマの種子散布者としての特徴がはっきりする

東京都奥多摩

奥多摩は東京都内とは思えないほど自然豊かで野生動物も多い

のではないかと考えたからだった。

そのころ私はある海外の論文に、クマを含む食肉目という大きなグループの動物ならではの種子散布者としての特徴が書かれていたのを読んだ。

それによれば、食肉目はその名の通り肉食に適応しているので、植物をすりつぶす臼歯があまり発達しておらず、タネを食べてもすりつぶされにくいという特徴がある。さらに行動範囲が広いので、広い範囲にタネがばらまかれやすい。しかも体が大きいのでさまざまな種類の果実をたくさん食べることができるというのだ。

しかし、日本での食肉目の種子散布者としての研究例は、小さな島や高山帯、

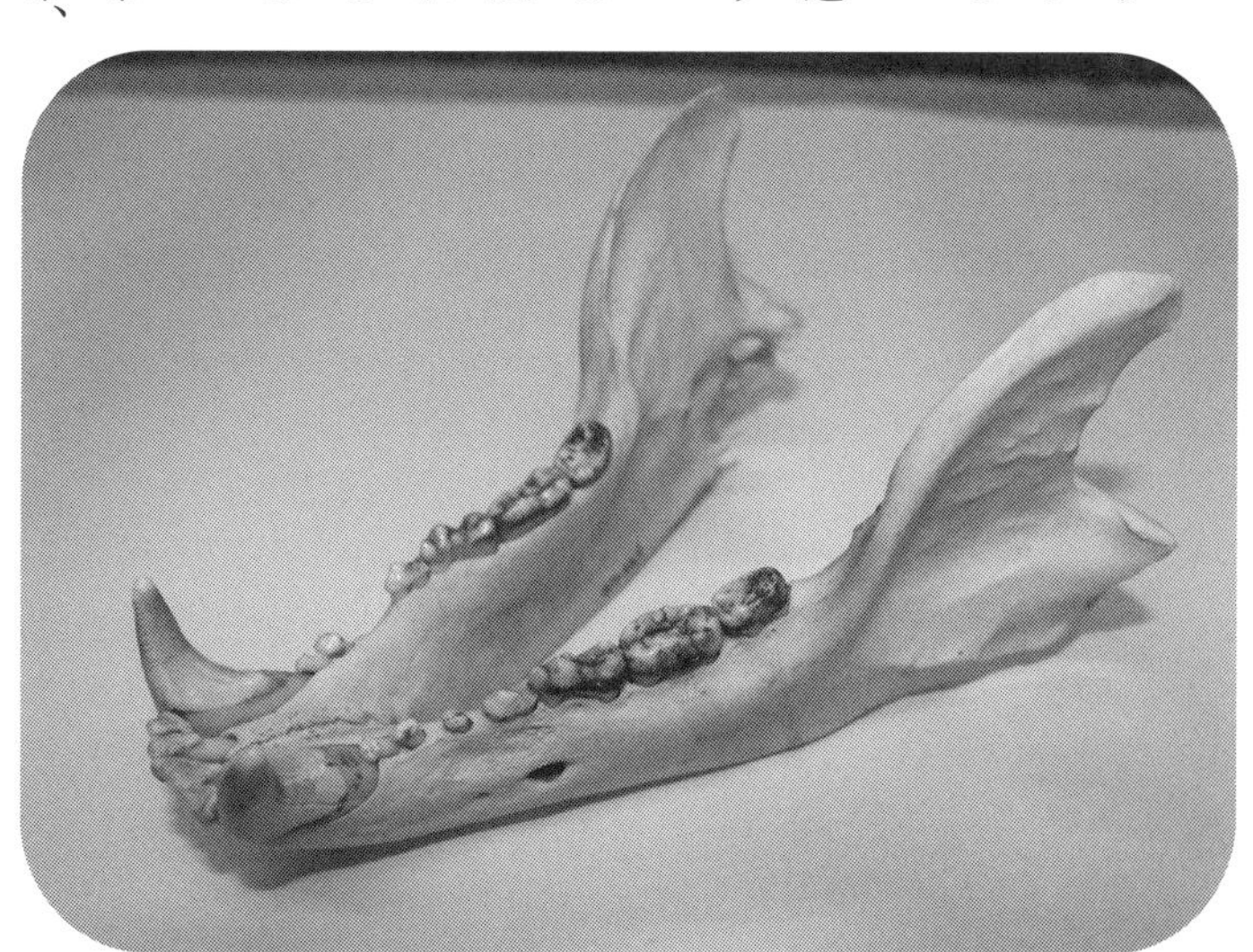

クマの下あごの骨。鋭い犬歯はタネを砕くのには不向き

または都市近郊の里山でのものしかなかった。やはりここは、国土の多くを占める温帯、とくに冷帯に近い冷温帯の広葉樹林における食肉目の種子散布者の特徴をはっきりさせたい。

で、さまざまな動物のウンコを拾ってわかったが、クマと違ってほかの動物のウンコは臭い。ただ、クマほど大きくないので運ぶのは楽だった。拾ったウンコは大学の研究室に置かせてもらっていた。

誕生！　ウンコソムリエ

いったいほかの動物のウンコは、クマのウンコとはどう違うのか。まずは大きさだ。クマのウンコはとにかくでかい。ニオイも違う。クマのウンコはほとんど無臭だが、アナグマやタヌキのは強烈に臭った。

ウンコ拾いを続けるうちに、私は目と鼻を使えば何の動物のウンコかがわかるようになった。ソムリエがワインの色合いと芳香だけで産地をいい当てるように。

それでは、ほかの動物のウンコの特徴を紹介しよう。まずはテン。こちらは肉食ではあるものの、ウンコのサイズは小さく無臭である。

臭うのはサル、アナグマ、キツネ、タヌキである。

キツネはネズミを食べるので、鼻を突くような鋭いニオイがする。動物園でいえばライオンエリアのようにケモノ臭いニオイだ。また、ウンコが毛の塊になっていて、中に骨の破片も混じっている。

サルのウンコは銀杏がつぶれたようなニオイがする。群れで生活しているので、狭い場所に何頭分ものウンコがもりもりと寄せ集まった状態で存在していることもある。それだけにニオイはかなり強烈で、遠くからもウッとくるような不快な空気を漂わせている。

アナグマとタヌキには、トイレのように決まった場所でウンコをするという「溜め糞」の習性がある。

どちらのウンコも鼻を近づけた瞬間に鼻腔の中に広がった臭気がそのまま脳天まで突き抜けるような刺激臭がして、一度嗅いだら忘れられない。しかもアナグマのはべちゃっとした質感なのであまり拾いたくはない。どちらかというとタヌキのほうがニオイが弱いのでマシかもしれない。アナグマとタヌキのウンコはよく似ているが、溜め糞をするのが穴を掘った場所であればアナグマだと思われる。

なお、ウンコを拾うときは「1回分」にこだわった。1回の脱糞でどれだけのタネを出すのかがわかれば、ほかの動物との比較がしやすいからだ。問題は溜め糞をする動物のトイレから、どうやって1回分のウンコをより分けるかだ。そこで、私たちは、ウンコの色を見るだけでなく、鼻を近づけてクンクンとニオイを嗅いで鮮度を判断し、「これが最新の1回分のウンコだ」というものを取っていた。

こうして、テン、アナグマ、キツネ、タヌキの糞分析を行ったところ、どの動物のウンコにも基本的にはタネが噛み砕かれずに出されていることがわかった。どうやらこれらの動物もクマと同様に種子散布者としての働きがありそうだ。

クマ以外の動物が夏にあまり果実を食べていないこともわかった。夏には栄養価の高い昆虫がたくさんいるので、クマ以外はそちらを主に食べているからだと思われる。

クマは体が大きいので、アリやハチなどのように群れで暮らす昆虫でなければ、わざわざ一匹一匹捕まえて食べるよりも果実を食べたほうが効率よく栄養を取れるのだろう。

また、クマとアナグマ以外の動物は、秋に実を付けて冬になっても木から落ちない、サルナシなどの果実を食べていた。これは、冬眠しない動物が冬をしのぐためだと思われる。

さらに、クマは1つのウンコの中に

ウンコ１つに含まれる健全な形状のタネの平均数（分析ウンコ数）

	ツキノワグマ(91)	テン（158）	アナグマ(45)	キツネ（36）	タヌキ（47）
ヤマザクラ	822 (10)	47 (10)	166 (3)	61 (1)	58 (2)
カスミザクラ	1388(6)	41 (6)	171 (3)	84 (2)	56 (4)
マメザクラ	267(1)	43 (2)	85 (1)		41 (1)
エゾヤマザクラ	658(2)				
ミヤマザクラ	791 (8)	37 (5)	128 (1)	67 (1)	39 (4)
ウワミズザクラ	911 (4)	37 (5)	139 (3)		54 (3)
クマヤナギ	389 (3)				
ミズキ	703 (3)	98 (5)			
ヤマボウシ	243 (2)	10 (7)		48 (1)	
キイチゴ属	2769 (3)	98(13)	123 (6)	202 (4)	359 (8)
ナナカマド	424 (1)				
マタタビ科	10256 (6)	1339 (31)	1695 (7)	587 (6)	1689 (7)
アケビ科	766 (2)	60 (4)	395 (2)	70 (2)	371 (2)
ヤマブドウ	596 (2)	91 (1)		59 (2)	169 (2)
カキノキ	18 (2)	9 (10)	14 (2)		16 (1)
マツブサ	89 (1)				
クリ	0 (1)				
オニグルミ	0 (3)				
コナラ属	0 (34)			0 (1)	

() 内の数字は各樹種のタネが含まれていたウンコの数。体が大きなクマは特に多い

含まれるタネの数がほかの動物よりも圧倒的に多かった。これも体の大きさが影響しているのだろう。

移動距離もクマは圧倒的に長く、標高１６００m付近に生えているナナカマドの木の実が、標高８００〜１２００m付近の調査地で拾ったウンコから出てきたこともあった。

なお、この奥多摩での動物たちの食性調査の結果は、過去の研究やさまざまな動物についての文献と照らし合わせてもさほど大きく矛盾しないこともわかった。

森の監視カメラ

こうして、さまざまな動物の糞分析を行うと、今度は気になってくるのが、クマ以外の動物の木の実を「食べるタイミング」と「食べ方」である。クマについては、卒論で種子散布の可能性について触れ、修論で果実を食べるタイミングについて調べた。これをほかの動物についても調べたいと思ったのだ。

ちなみに、「果実の食べ方」というのは、木に実った状態のものを食べるのか、下に落ちたものを食べるのかということだ。

ほかの動物はクマのように木に登るわけではないので、クマのように木の幹に爪痕を付けるとは限らない。だから、動物ごとに食べ方を調べるところから始めなければいけない。しかし、仕事をしていたので修士課程のときのように毎日のように山に通って食べ方を示す痕跡を探すこともできなかった。

そこで、奥多摩の山中に赤外線センサー付きのカメラを取り付けて自動撮影を行い、動物の様子を観察することにした。

ヤマザクラの木の下にカメラを設置し、もし動物が来れば赤外線センサーが反応して撮影するという仕組みである。カメラは週末などの山に入れるタイミングで回収するのだ。

このときは自動撮影ができるデジタルカメラがまだほとんどなかったので、フィルムのカメラを使っていた。撮った写真はその場で確認できず、写真店に持って行ってお金を払って紙に現像してもらっていた。しかも、フィルムは36枚しかなく、それを使い切ったら新しいフィルムに交換しなければいけない。

この36枚を無駄にしない工夫が必要だった。少しでも日の当たる場所だと、木漏れ日にセンサーが勝手に反応して撮影を始めてしまう。秋になると落ち葉にもセンサーが反応する。こうして1匹の動物も来ないうちに設置1時間後にはフィルムがなくなってしまうのだ。

当時は月1回くらいしか山には行けなかった。フィルムが全部使われているのを見て「やった！　撮影できた」と思って回収しても、現像に出したら何も写っていない写真ばかりが出てきてがっかりすることもしょっちゅうだった。

その程度で済むならまだマシなほうである。ときにはクマにカメラを壊されることもあった。現像した写真を見ると、クマのドアップの写真が撮れていているので、犯人はクマだとわかるのだ。

クマにしてみれば、どうも山の中にカメラのように見慣れない物体がある

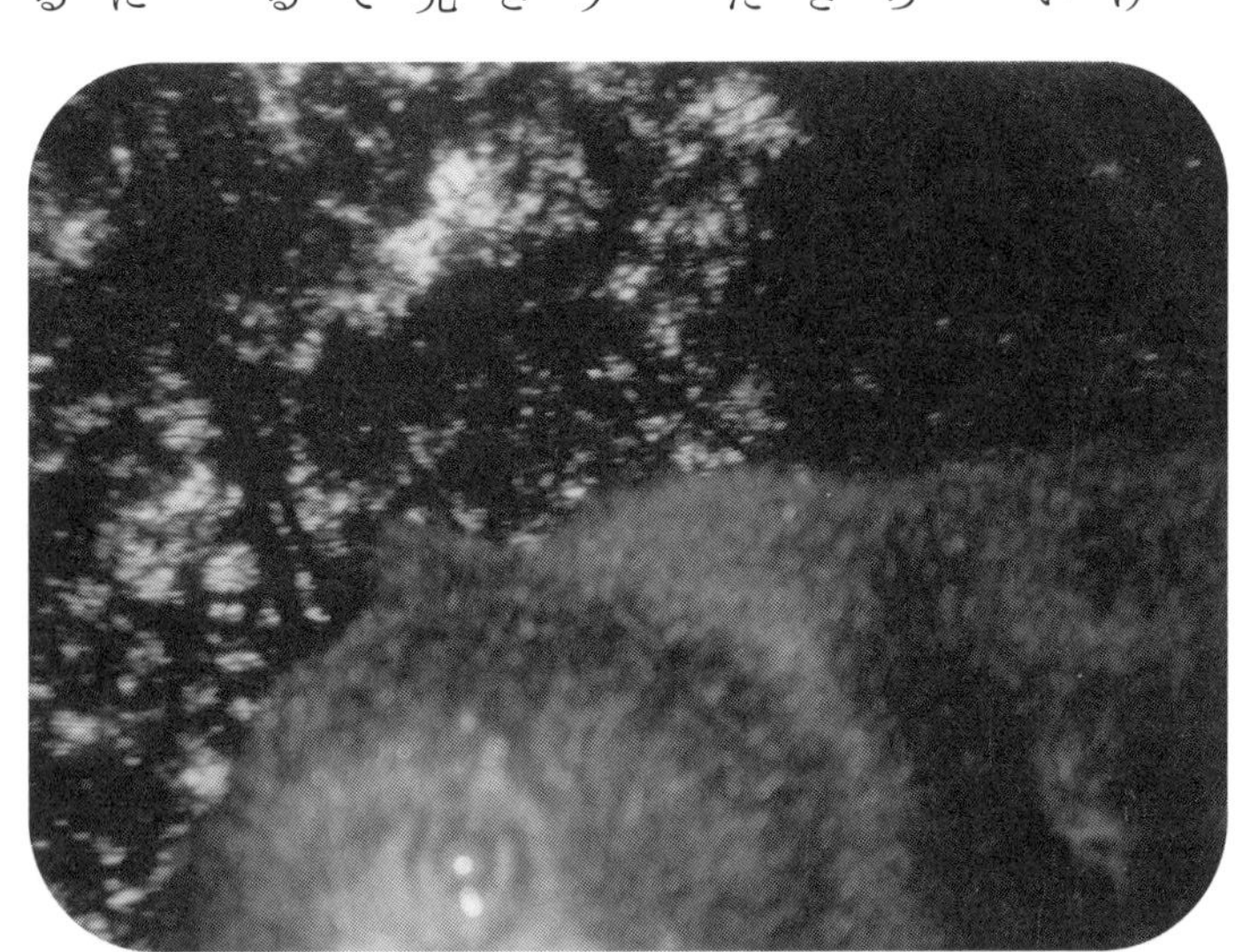

私のカメラが最後に遺した写真。まるでクマの自撮り

と気になるらしい。そこで、真っ先にやってきて叩き落としたり、噛んで穴をあけたりして去っていくのである。

そのころ使っていたカメラは1台2万円程度のものだったので、慎ましく暮らす若人には痛かった。

ただ、このときのカメラは、修士課程を修了する前に東急財団（当時とうきゅう環境浄化財団）に初めて申請を出してもらった助成金を使って買ったものだった。頑張って申請を出せばこういったサポートが受けられるという経験は新鮮だったし、給料だけではやり繰りできないお金を使って研究ができるのは面白いと感じた初めての経験だったのだ。

失敗続きの森の監視カメラではあったが、それまでは痕跡にしか接することのなかったクマやほかの動物たちの姿が見られたのは画期的だった。そして、この監視カメラによってクマと同様、ほかの動物たちもヤマザクラの実が熟し始めると木の近くに来るということが明らかになった。

ただし、動物によって木に近寄るタイミングが違うこともわかった。例えばクマ、テン、ハクビシンはヤマザクラの開花後60日前後に撮影される枚数が多かったのに対し、シカ、アナグマ、イノシシは開花後70日前後と、やや遅かったのだ。

奥多摩にしかけた自動カメラで撮影された森の仲間たち。
クマだけが写るとは限らない（撮影：小川羊）

これは木に登れるかどうかの違いだと思われる。木に登れるクマなどの動物は果実が落ちる前に木に登って果実を食べようとするのに対し、木に登れない動物たちは、成熟した果実が地面に落ちるのを待ってから木に近づくのだろう。

クマレンジャーの帰還

大学を離れている間にもうひとつやったことがあった。それは英語論文の執筆である。なんだかんだいって、修士論文のために進めてきた研究には自信があった。まだこのころは哺乳類の種子散布にもようやく注目が集まり始めた時期で、クマの種子散布をやっている研究者は世界にもほとんどいなかったのだ。

誰もやっていない研究を世界に向けて発信しておきたい。

そんな気持ちがムクムクと湧き起こってきたのだが、とても高いハードルがあった。それは論文を英語で書かなければいけないということである。英語は大の苦手だ。しかし、みんなに私の研究を知ってもらうためにはやるしかない。四苦八苦の末にようやく論文を書き上げて投稿した。

結果は却下だった。

そのときはがっかりしたものだが、査読者からはとても丁寧なコメントをもらうことができた。すなわち、クマを飼育して本当に成熟したヤマザクラの実しか食べないのかを調べたらどうか、クマの体内をタネが通過することで発芽率が変化するかどうかを確認するべきではないか、というアドバイスである。

論文は却下されたが、おかげで研究者として何をやっていくべきか道筋がはっきり見えた。

そして2年間働きながらずっと抱えてきたモヤモヤの正体を悟ったのだった。私はまだ研究がしたかった。大学院に戻りたかった。卒論のときは何事にも受け身な姿勢で、種子散布について調べたのも不本意でしかなかったが、修士課程を終えるころには研究の楽しさに目覚めてしまっていたのだ。

そのころの私はまだ26歳。3年間の博士課程で頑張っても29歳である。

しかし冷静に考えると、定職を捨てて大学院に戻るなど蛮勇でしかない。それでも当時の私には選択の余地などなかった。自分が始めた研究にけじめを付けたかった。いや、ツキノワグマの種子散布者としての全貌を描き出した世界初の研究者になりたかったのだ。どうしても。

分不相応な野心だが、もうちょっとで手が届くところまでたどり着いた。研究の着

地点がはっきり見えているのだ。なのに、つかみかけた成果をみすみす他人に譲るというのか。

そうしたとて誰にも責められやしないだろう。将来の保証なんてどこにもない。どれほど研究がうまくいったとしても、どこかの大学や研究機関がポストを約束してくれるわけでもないのだ。

でも、今全力でやらずにほかの誰かに先を越されたら、死ぬほど後悔するに決まっている。そんな自分を私は絶対に許せまい。だから、やるしかなかった。

ネックはお金である。それまでの勤め人の身から、再び無給の学生に戻らなければならない。

博士課程2年生の年には国際クマ学会が日本で開催されるので、この手伝いをすれば2年ほどはアルバイト代が出ることがわかっていた。また、勤務していた団体もすっぱり辞めるのではなく、非常勤で週の半分は仕事ができそうだった。それを考えると、最低限生活はできそうである。

幸い指導教官の古林先生は去る者は追わず、来るものは拒まずの精神で温かく迎えてくれた。

こうして私は仕事を辞め、再び明日の見えない研究の世界に戻ったのだった。

コラム クマも木から落ちる!?

奥多摩の山中では印象的なクマとの出会いもあった。小十郎と名付けられた下半身不随のオスである。

小十郎は奥多摩の沢登りや釣りで有名な巳ノ戸谷(みのとだに)という沢で発見された。沢登りで人が多く通行する場所なのに、かれこれ1週間ほどクマがそこにいて人を威嚇するのだという。

このクマは耳にタグが付いていたということで、地元で調査をしていた山﨑さんに連絡が入り、私も同行することになったのだった。

結局、小十郎は安楽死させられることになった。

心は痛むが、重傷を負った野生のクマに近寄ること自体がとても危険で、治療をするのはまず無理だ。ましてやこんな山奥では手の施しようがない。かといって何もしなければ苦しんで死ぬことは目に見えている。

何より、これからゴールデンウィークになって山に入る人が増えるだろう。事故を

起こす可能性もあるので、放置するわけにはいかなかった。

小十郎の体重は80kgもあった。

これだけの重さの体を人力だけで急斜面を登り降りしながら運ぶのは難しいため、その場で解体されて手分けして持ち帰ることになった。

その後、小十郎は山崎さんが勤めていた茨城県自然博物館で剥製（はくせい）になった。

そこでわかったのは、沢に転落したことで腰のあたりを骨折していたということだ。おそらく木や岩の上のような高い場所から転落した拍子に骨折したのだろう。

クマはあの図体で軽々と木に登る。

もちろん、人間よりも卓越した運動能力があるのは確かだが、木の枝が折れたり足を踏み外したりして落ちることはないのだろうかとかねがね疑問に思っていた。

小十郎を見る限り、ときには落ちることもあるのだろうし、打ち所が悪ければ骨折して体がうまく動かなくなり、次第に弱って死ぬこともあるのだろう。木から落ちて重傷を負ったことのないクマだけが生き残っているから、一見するとすべてのクマが華麗なる木登りをしているかのように見えるのかもしれない。

4章
激闘！クマ牧場

大学院の博士課程に進んだ私は、再び本腰を入れてクマの種子散布の研究を進めることになった。

これまでの研究でわかったのは、クマは森の木の実の旬を知っており、熟した実を選んで食べるということである。その果実のタネはほとんどそのままウンコの中に残ることも判明した。

しかも、一度のウンコで出てくる数は、タヌキやテンなどほかの食肉動物たちよりも圧倒的に多く、食べる植物の種類も豊富である。

次に知りたいのは、クマがどれだけ遠くまでタネを運べるかである。

長距離の種子散布は、植物にとってはレアなイベントだ。それによって仲間がいる場所を遠くまで広げたり、遠くにいる仲間と遺伝子を交流させて子孫を残したりすることができるかもしれない。

つまり自分の種族をもっともっと栄えさせる大チャンスかもしれないのだ。

クマがそんなレアな種子散布に関わっていることがわかれば大発見である。

「豊かな森はクマさんのおかげ！」なんて見出しが新聞やニュースで躍るかもしれない。

そのためは、クマが果実を食べてウンコとして出すまでの時間と、その間に移動で

きる距離を明らかにしなくてはならない。

例えばこれが鳥ならばあまり難しいことではない。鳥かごに入れて飼育してエサを食べてから脱糞するまでの時間を測る。次にその鳥に発信機を付けて外に放ち、食べたものが出てくるまでの時間内にどれだけ移動するかを調べればいい。私はこれと同じような実験ができないか試行錯誤していた。

２０００年代に入って欧米のメーカーが野生動物追跡用のＧＰＳ受信機付き首輪を競って売り出し始めていた。山梨でも試供品を使ったことがあったが、ラジオテレメトリー法では数百ｍ以上だった誤差が数十ｍに縮まることがわかった。ＧＰＳを使った栃木県の足尾と日光での追跡プロジェクトには私も参加している。これで移動距離についてはより詳しいデータが取れるだろう（詳しくは5章で話そう）。

問題はウンコが出るまでの時間である。

そこで私は大規模なクマの飼育施設がある秋田県へ飛んだ。クマに木の実を食べさせて、それがウンコとして出てくるまでの時間を測るために。研究者としてのキャリアとクマの種子散布研究の完成を懸けた2年にわたる実験の始まりであった。

果実がウンコになって出るまでの時間を測る方法

話は修士課程の1年目にさかのぼる。

クマの種子散布を研究テーマにすることを決めた時点で、いずれ飼育実験が必要になることがわかっていた。

ヒヨドリがタネを運べる距離はせいぜい数百mだという。クマならばそれよりずっと遠くまで運べるだろう。山梨での追跡調査では、行動範囲が200㎢を超えることがあるクマの圧倒的な移動力を思い知った。おそらくクマは長距離の種子散布者なのだろう。

しかし、それを実証するとなればどうすればいいのだろうか。

「野生のクマを尾行して、果実を食べてからウンコをするまでの時間を測ればいいんじゃないだろうか？」

なおかつウンコをしたらすべて回収して、食べた果実と照らし合わせれば必要なデータが取れそうな気がする。しかし、どうすれば険しい山の中で動きまわるクマに気づかれず、なおかつ一瞬も見失わずに監視してウンコを回収できるのか。鳥類やサルならできるかもしれないがクマではまず無理だ。

それにウンコの中のタネが監視中に食った果実のものだということをどうすれば証明できるのだろうか。

脱糞までの時間を測るためには、クマが明らかにこれを食べたであろうとわかるマーカーが食べ物に含まれていなければいけない。例えばＢＢ弾のようなプラスチックの小さな球をエサに紛れ込ませておき、出てきたウンコにそのＢＢ弾が混ざっていれば、食事から脱糞までの時間がわかる。食事ごとに違う色のＢＢ弾を入れておけば、ウンコの中にあるＢＢ弾の色でいつの食事のものなのかがわかるというわけだ。

「マーカー入りのエサを山でクマに食べてもらって、そのウンコを回収すればいいじゃないか」

ダメだ。このアイデアはボツだ。１日探し回って１個も拾えない日がざらなほど、山でクマのウンコを拾うのは難しい。特定のクマが出したマーカー入りのウンコを全部回収するなど絶対に不可能である。

そもそもどうやって野生のクマにエサを食べさせればいいのか。捕獲したときはどうだろう？　いや、罠にかかって興奮したクマが食べてくれるわけがない。率先して罠にかかってくれるようなクマがいれば別だが。

「捕獲したクマを大学に連れてきて実験用に飼ってしまうのはどうだろう」

いやいや、これも非現実的である。

飼育の専門家でもない私が簡単に野生動物を飼いならせるわけがない。それに全速力で走り出されたり突然木に登られたりしたら、引きずられるだろうし、ヘタをすれば死ぬかもしれない。しかも大学は東京都府中市の住宅地のど真ん中だ。近くに小学校もある。学外に逃げられでもしたら関係者全員切腹ものの大失態じゃないか。

改めてひと通り考えてみたが、やっぱり森林でのフィールド調査も大学での飼育も無理だとわかった。そうなると選択肢はひとつ。クマを飼育している施設にお願いして実験をさせてもらうしかない。

動物園で1日中クマの脱糞を監視する男たち

どこで実験をやるにしても、飼育実験に不慣れな私がいきなり論文に使えるデータが取れるとも思えない。まずはどういう方法で実験すればいいか試してみることにした。

やはりアクセスを考えれば首都圏にあるどこかの動物園でやらせてもらうのがいい

だろう。飼育実験をやってみようと思い立った修士1年のころ、都内にもクマを飼育している動物園はあったが、たまたまお隣、神奈川県横浜市にあるズーラシアが快く引き受けてくれた。

しかし、動物園の飼育員さんは、基本的にエサにBB弾のような異物を混入させるのを嫌がる。そりゃ、毎日心を込めてお世話をしているクマに得体の知れないものを混入させたエサなんて食べさせたくないだろう。当然の人情である。

というわけで、ズーラシアのクマには試しにミズキの実をあげたのだが、クマはまったく見向きもしない。これじゃ実験にならないぞ……。

困り果てて飼育員さんと相談し、「ふかし芋の中にミズキのタネを10粒くらいまでなら混ぜていい」という条件でエサを与えることにしたところ、めでたく食べてもらえた。ちなみにこのときのタネには食紅で色を付けた。食紅といっても、赤以外の色もある。何色か使えば食事とウンコの関係はわかるのだ。

ズーラシアでの調査は平日に研究室の後輩の葛西真輔君と一緒に行った。

そこでは男2人、柵の外からひたすら双眼鏡でクマを眺める日々が待っていた。タネを混入させたエサを食べたクマがバックヤードの中にいるときはバックヤードに、外の展示スペースにいるときは、展示スペースの前のベンチに座ってじっと双眼鏡でクマが脱糞するタイミングをうかがう。ズーラシアの展示スペースには野生の生息環境に似せた川や藪があり、クマの姿が見えにくいので、双眼鏡が必須なのである。平日の昼間とはいえ、家族連れは結構来る。その中で、双眼鏡を持ってクマをガン見している若い男の姿はさぞかし異様に映ったことだろう。

晩夏だったので、昼間にずっと外でクマを観察しているとジリジリと太陽に焼かれて汗が噴き出してくる。そして、飼育スペースをうろうろしているクマを見続けていると眠くなってくるので、山に入るのとは違ったきつさがあった。頭の中は常に、「早く……早くウンコをしてくれ」という思いでいっぱいだった。

そんななかで、クマがちょっと踏ん張るような動きをしたら、「おっ、ウンチングスタイルか⁉」とにわかに緊張感が高まる。ついにクマがウンコをしたら、そこからはもうソワソワして落ち着かなくなる。ウンコはなるべく早く回収したい。動物園のクマは、なんと自分のウンコを食べてしまうこともあるのだ。そうなってしまえば実験は最初からやり直しだ。それまでの十数時間が全部パーになってしまう。

だからといって、すぐにクマの展示スペースに入るわけにもいかない。クマと同じ空間にいるのは危険だからだ。あくまでも実験施設ではなく展示施設なので、私たちがウンコを回収するためにクマをバックヤードに移動させてもらうわけにもいかない。結局夕方にクマがバックヤードに入るまではウンコを拾うことはできないので、もはや何かの中毒者のように、

「ウンコ……ウンコを拾わせろ……！」

という思いだけが脳内をぐるぐるしているのだった。

結局、ズーラシアでの実験は、1週間にわたって3、4回エサを与えたもののの、食べさせた果実のタネのうち20～30%程度しか回収できなかった。

こんな調子では論文に使えるデータは取れそうにない。

ただ、この実験でタネがクマの体内

にどれくらい留まるのかはだいたい把握できた。それだけは一歩前進したといえるだろう。

困ったときのクマ牧場

ズーラシアの脱糞実験ではとにかく思うようにウンコが拾えず、ろくにデータが取れなかった。

「これじゃだめだ。別の場所で実験したほうがいいのかもしれない。さて、どうしようか……」

クマの飼育実験で私たちが外せないと考えていた条件はいくつかあった。野外での生活に近い状態でのタネの滞留時間を測りたいので、クマに大量かつ確実にエサを食べてもらうということだ。次にいつ脱糞されたのかを把握して確実にウンコの回収ができること。そしてデータの確実性を考えて複数のクマが飼育されているということだ。果たしてそんな施設は存在するのだろうか。

こんなふうに悩んでいたのはまだ修士1年のころで、クマの追跡調査を行う山梨のプロジェクトの最中だった。お世話になっていた野生保護管理事務所の羽澄さんにぽ

ろっと悩みを打ち明けたところ、

「秋田の阿仁にあるクマ牧場にお願いしたら？　クマの飼育実験っていったらあそこが一番だって聞くけどね」という耳寄り情報を教えてもらった。秋田県の阿仁町（現・北秋田市）にある「マタギの里　熊牧場（2014年に「くまくま園」に改称。以下「クマ牧場」）」が実験に適しているというのである。

ここは、100頭近くのヒグマとツキノワグマが飼育されていて、春から秋までの開園期間中は子グマとの触れ合いもできる。

もともと阿仁はマタギで有名な地域である。マタギとは東北・北海道地方で厳しいしきたりを守りながら集団で

マタギの里 熊牧場（現 くまくま園）

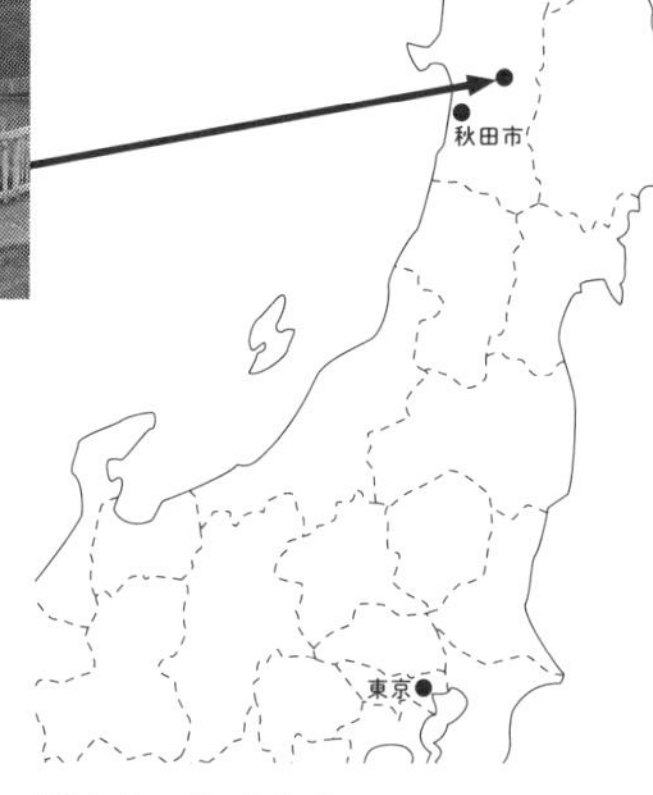

クマ牧場のある阿仁町はマタギの里として知られる

狩りを行い、狩りで生計を立てている人々のことをいう。

しばしばマタギは皮や肉などを利用するためにクマを狩るが、狩られてしまった母グマのそばにいた子グマを殺すのは忍びないと思うのも人の情だろう。子グマを里に連れ帰って飼い育てるマタギも少なくなかった。

そんな経緯で飼われていたクマたちを集め、観光客用に公開したのがこの牧場の始まりである。

現在いるクマは、この施設で生まれ育った個体がほとんどだ。ということは、人工的に冬眠させて、繁殖にも成功しているということである。飼育環境での冬眠と繁殖はとても難しいので、結構すごいことをやっているのだ。

このクマ牧場は研究にも協力的で、多くの研究者が飼育されたクマを使って実験をしている。地元の観光スポットであるだけでなく、研究施設としての顔も持っているのだ。

というわけで、葛西君と私は古林先生に同行していただき、秋田県北部の山間にあるクマ牧場に「実験をさせてください！」とお願いをしにいった。概要を伝えたところ、めでたくＯＫをいただいたのであった。東京から片道だけで半日かかる旅に付き合ってくれた恩師には今も足を向けて眠れない。

クマさんにはやっぱりハチミツ

クマ牧場ではまずミズキなどの果実をそのまま与えてみた。やはり、クマたちはまったく見向きもしない。爪で少しいじってそれでおしまいである。どうやら、生まれたときから圧ぺんトウモロコシというトウモロコシを加工した飼料や、ふもとの町のパン屋さんで売られている食パンの耳を食べているので、木の実を見ても戸惑ってしまうようなのだ。

大人になってから日本に来て初めて納豆を見た外国人が「何これ食べられるの？」と躊躇してしまうのと同じようなものなのかもしれない。

仕方がないのでお助けアイテムを使うことにした。やっぱりハチミツである。ハチの巣から蜜を絞り出した搾りかすにミズキのタネを埋め込んで与えてみたところ、これには食いついた。やっぱりクマはハチミツが大好きなのだ。

クマにエサを食べさせ、ウンコをしたら自分たちで隣の部屋との間の扉を開けてクマを別室に移動させ、移動したらすかさず扉を閉めて、空になった部屋に入ってウンコを回収する。ここでもクマは食糞をするので、やはりすぐに回収しなければならない。なぜ飼育されたクマは食糞をするのか。

おそらくストレスのせいではないかと考えられている。やはり野生とは違って狭い場所で生活したり、本来は群れを作らないのにほかの個体と一緒に暮らさなければならなかったりするのは、ストレスが溜まるのだろう。

また、阿仁のクマ牧場ではクマ同士の力関係があり、強いクマがエサを独占しがちだった。ますますストレスが溜まるのか、空腹に耐えかねてか、弱いクマほどよく食糞をしがちだった。

なお、交尾していないクマは性別ごとに藁を敷いた雑居房のような部屋で冬眠するが、この藁も強いクマが独占する。どこの世界も集団生活は実に厳しい。

カメラは二度死ぬ

話は脱線したが、問題は夜のウンコの監視である。

当然ながらクマ牧場には宿泊施設はないため、私たちは近隣の宿に泊まって通っていた。牧場の人は、一晩中観察してもいいよといってくれたが、夜は真っ暗で怖いし、何より寒くて風邪をひきそうなのでやめておいたほうが無難である。

牧場で夜を過ごさない代わりに、カメラをクマの寝室に設置して撮影することにし

た。当時はビデオテープを使っていたのだが、どんなに長いテープでも3倍モードでせいぜい360分までしか録画できない。牧場の営業が終わる夕方の4時に設置して360分しか録画できないとなると、とても夜通し撮影できない。そこをなんとか近隣の電気屋さんを駆けずり回って、最大12時間録画できるというとてもニッチでレアなビデオデッキを入手することができた。これをカメラと繋げば、夕方から朝まで撮影することが可能になる。

しかし、研究者にとってクマは破壊神のような動物である。彼らは普段見慣れないものを見ると、怪しんで何でも壊してしまうのだ。夜中にクマがカメラのコードをかじって切ってしまったときは、秋田市内の電気屋さんに走ったのだが、クマ牧場は山奥にあるため車で片道3時間かかった。

コードだけでなく、カメラも壊された。カメラはクマの寝室の天井にある配管に市販の部品を使って取り付けていたが、翌朝見に行ったところバラバラになった状態で床に散乱していたのだった。

その光景を最初に見たときは、

「なんであそこに付けたカメラが下に落ちているんだろう。取り付け方が悪かったのかな？」と首をひねった。しかし、どうやらクマが鉄格子沿いに壁を登ってカメラをはたき落としたようで、壁にクマの手形がついているのである。やはりあそこを登ったのか！

クマの仕業だとわかったときは、がっかりしたというよりも「なかなかやるな！」と笑いそうになった。

やっぱりクマはカメラが設置されるなど、普段と違うことがものすごく気になるらしい。においも気になるから、叩きたくなってくるのだろう。

山で観察しているときからクマにはこういう繊細で保守的なところがあると感じていたが、ここでもその一面を見せつけられたのだった。

次はどうやったらクマに壊されずに済むのか。そこはクマとの知恵比べで、

カメラを手にかけたクマの犯行経路。鉄格子と配管を伝って高さ 4m の天井部分に設定したカメラを破壊

思いのほかワクワクしたものだ。結局、カメラは2回壊されたのだった。

破壊神、恐るべし。

とまあ、こんなハプニングはあったものの、徐々に要領はつかめてきて、クマ牧場の実験はルーティーン化できるようになっていった。その流れとはこんな感じである。

まず実験1日目の夕方に果実を食べさせて、クマが全部食べたのを確認したら、部屋の中のビデオカメラの録画を開始する。

翌朝は8時にクマ牧場に行き、まずはクマを別の部屋へと移動させる。そして、それまでクマがいた部屋に残されているウンコを回収する。このとき、ウンコがあった場所を記録するのを忘れてはいけない。ビデオの映像と照らし合わせて動いていないかを確認するためである。

その後はクマのいる部屋の前でクマが脱糞しないかをひたすら観察する。

それと同時に、前の晩に録画した映像を見て、クマがいつ、どこにウンコをしたのかを確認する。12時間分のメリハリのない映像を見続けるのは地味に苦痛である。気が遠くなってきて、しばしば今自分が何をしているのかすら忘れそうになる。

3頭分の録画を見終わるのはだいたい昼過ぎになるが、その間にクマが脱糞したらビデオを一時停止して即回収である。

クマの録画映像を見終わったら、拾ったウンコを洗って中に含まれているタネを回収する。

ここまでやるともう日が暮れてしまう。日の当たらない廊下で退屈な映像を見て、ウンコを洗うという作業を繰り返す毎日だった。

クマ牧場は夏でもとても寒かった。なんせこのクマ牧場は田沢湖よりも北の山奥にある。6月は山にまだ雪が残っているし、9月ともなると東京の晩秋のような気温である。コンクリート打ちっぱなしの上に座って脱糞を観察するのは、しんしんと冷えて辛い。なんだかズーラシアの残暑が恋しくなってくるほどだった。

クマのウンコサイクルがつかめてきた

とりあえず、クマにエサを食べさせ、ウンコを回収するというミッションは、このクマ牧場でならばできそうだという見通しがついた。修士課程で実験ノウハウが確立できたので、博士課程からは毎年6～7月と9～10月に1週間ずつ滞在し、実験を行うことにしたのである。

修士のときとくらべて、博士課程ではクマ牧場での実験もずいぶん手慣れてきていた。このころになると食べ物の種類によって、食べてから出てくるまでの時間が違うこともわかってきた。ハチミツのような液体と一緒に食べると、ウンコは少し早く出てくるし、イモのような繊維質の食べ物に混ぜると少し遅めに出てくる。これは私たち人間の感覚に照らし合わせてみても納得がいく。

やはり果実のまま食べさせたほうが正確なデータが取れそうだ。そこでクマ牧場に行く前に山で大量の木の実を集めたら健康に影響が出ない程度に被験グマを絶食するようにお願いする。

「クソ、怪しいけどこれでも食べるか……」と思ってくれそうな状態で、木の実を与えることにしたのだった。ちなみに、クマに与える果実は、その時期入手しやすく、かつタネが大きいという条件を満たすものを選んだ。6月はヤマザクラ、7月はカスミザクラ、9~10月はミズキである。

また、ずっと実験を続けていると、クマがウンコをするサイクルが見えてくるので、この時間にエサを食べたなら出るのはだいたい何時ごろかなというのも見当がつく。おかげで最初は監視に充てていた時間で別の作業ができるようになった。

なお、この空き時間を使って、クマのウンコのドロドロを整形して植物のタネを埋め込む人工ウンコを自作していた。これを何に使ったのかは、8章で詳しく説明しよう。

このクマ牧場での実験の結果、クマの体内でタネが滞留する時間は、個体差や体調などによってばらつきが大きかったものの、中央値は15~20時間程度、最短で3時間、最長で44時間であることがわかった。これは、これまでのクマ類の研究結果ともさほど大きくは違わない結果である。

ちなみに、過去の論文ではアメリカテンでの体内滞留時間は2~12時間、キツネは2~36時間という結果も発表されているので、クマの体内の滞留時間は長めであることもわかった。おそらくこれは、体が大きいことが影響しているのだろう。鳥類でもさまざまな種(しゅ)で同様の実験が行われているが、体内の滞留時間は13分~6時間45分で

ある。ばらつきはあるものの、やはりタネはクマほど長く滞留はしないようである。

こうした滞留時間のデータを総合すると、クマはほかの動物たちよりもタネを遠くに運ぶポテンシャルがあることがわかってきたのだった。

さらに、クマは一度食べた食べ物を3〜8回に分けて脱糞していることもわかった。クマは一度にたくさんの果実を食べるが、その消化の特性からなのか、一度に出すのではなくて移動しながらさまざまな場所にタネをばらまいているのである。

これも植物にとってはありがたい特徴にちがいない。1ヶ所にまとめてタネを出されても、その土地でタネ同士が栄養を取り合ってしまうので、小分けに運んでもらって違う場所で発芽するほうが有利なのである。

ただし、このクマ牧場の実験では課題も残った。私が行った実験ではエサの中のタネの大きさと体内の滞留時間にはあまり関係が見られなかったのだが、ほかの研究事例では両者が比例していたのである。

また、タネの大きさだけでなく、エサを食べるときの食べ合わせやエサのサイズ、食べたエサの量も体内の滞留時間に影響するようである。このあたりの条件も考えた上で実験を行ったほうがより正確なデータが出てくるのだろう。まだまだ、研究者としては詰めが甘いことを思い知らされた。

クマ研究者、クマを食べる

クマ牧場では、現地の人たちにもずいぶんと親切にしてもらった。特に仲良くなったのはマナブ君という私よりも少し年上の男性だった。これまで来た研究者は彼よりも年上の女性が多く、ずいぶんこき使われることが多かったらしい。そんな中、初めて自分と同年代で少し年下の男性研究者が来たのが嬉しかったのだと思う。

マナブ君はおじいさんが有名なマタギで、私たちが泊まっている宿の向かいに住み、クマ牧場のクマの世話をしていた。そういうわけで自然と交流が増えて、実験のあとには釣りに連れていってもらって、ヤマメやアユ、サツキマスなどを釣ったりモリで突いたりして食べた。

そして夜な夜なマナブ君は宿にやってきて、お酒を飲んではいろいろな話をしたものだ。もっぱら話題は、愛車自慢と女性関係の武勇伝である。しかし、お酒が回ってくると秋田県の方言がきつくなり、何を話しているのかほとんどわからなくなってきたので、最後のほうは「そうですね、そうですね」と相槌を打つばかりだった。

はるばる東京から秋田までやってきて、毎日ウンコ拾いとウンコ洗いに明け暮れる私たちを哀れに思ってくれたのだろうか。とにかくあれこれ気を遣ってくれて、もて

なしてくれる気持ちが私はとても嬉しかった。

阿仁町はもともとマタギの里だったが、マナブ君を含め若い人たちはもう猟をやらなくなっていた。しかし、クマは普通に里の近くに出てくることがあって、「2階の窓を開けたらクマが目の前の栗の木に登っていた」などという話はよく聞いた。地元の小学生は丸々と太ったクマが走っているのを見て、「あのクマおいしそうだな」といっていたりもする。

そう、ここではクマを食べることがさして特別なことではない。

何を隠そう私も宿で赤味噌仕立ての鍋でクマを食べた。ほかの具は普通の鍋と同じで豆腐やネギが入っている。ニンニクとショウガと赤味噌で臭みがうまく消され、しかも肉がやわらかかった。クマ肉から出る出汁と濃厚な味噌との相性が抜群で、とてもおいしかったのを覚えている。

ちなみに、今もクマは我が家の食卓に登場することがある。たまにクマの肉を知り合いの猟師が分けてくれるのだ。

我が家ではクマは煮込んで食べることが多い。ちゃんと血抜きをして臭みを取れば、噛み応えがあり、濃くて豊かな味がする。好き嫌いが分かれるとは思うが、私はとてもおいしいと思う。

コラム 子グマは「クーマ、クーマ」と鳴く

クマ牧場では、実験の合間に子グマと触れ合うこともあった。

もしも山で子グマに出会っても「かわいいから」といって近寄ってはいけない。そばには必ず母グマがいるので非常に危険である。

その点クマ牧場で産まれた子グマはすぐに母グマから引き離されて育てられるため、安心して触れ合えるのだ。

クマ牧場の子グマはとてもかわいらしい。園内で遊んでいる姿も愛くるしくて、見ていて飽きないし、とても心が和む。しかも人懐こいので、すり寄ってくると思わず顔がほころんでしまうのだった。

しかし、まだ体が小さい6月ごろならいいのだが、成長が早いので9月にもなると大きくなって手に負えなくなる。

向こうはまだ子どもなので無邪気にじゃれてくるのだが、8月に子グマを抱っこしたときは、爪を噛まれて穴が開いたこともあった。

また、とてもすばしっこくて、すごいスピードで追いかけてくるので、身の危険を感じることもある。

子グマと触れあって初めて知ったのは、子グマが「クーマ、クーマ」と鳴くということだった。大人のクマの鳴き声を聞くことはほとんどないので、これには驚いた。子グマの鳴き声が「クマ」の語源だという説もあるというが、それにも納得がいく。

その子グマも成長すれば亜成獣（人間でいうと10代前半くらいの、見た目は大人だが性的には未熟な個体）の部屋に入れられ、大人になれば親と同じ成獣の部屋で過ごす。しかし、生まれてすぐに親子が引き離されるため、母親も子グマのことは覚えていないのかもしれない。

血まみれにされてもいいと思うほど子グマはかわいい

5章 タネまくクマ

「森林総合研究所が中心になってクマの研究調査を始めることになったんだ。環境省の予算もついた数年がかりのビッグプロジェクトさ。『ツキノワグマの出没メカニズムの解明と出没予測手法の開発』というんだけどね。それで相談なんだけど、小池君も参加しない？」

大学を離れて働いていたころ、奥多摩の調査でお世話になっていたクマ研究者の山﨑さんからお誘いがあった。定職に就きながらだと遠方の調査には通えない。これは私が仕事を辞めて大学院の博士課程に進む動機のひとつになった。私はプロジェクトチームに加わることにしたのである。

調査の舞台は栃木県の足尾から日光にかけての山地だった。

日光は徳川家康を祀った東照宮で有名なあの日光である。東照宮から東にドライブして「いろは坂」を抜けると高さ97mの華厳滝（けごんのたき）があり、滝の上流には中禅寺湖がある。このあたりは日本屈指の観光地なので行ったことがある人も多いだろう。

足尾の山地は中禅寺湖の南側に広がっている。ここも歴史の授業で聞き覚えのある人が多いのではないだろうか。

「ああ、田中正造が明治天皇に直訴した足尾銅山鉱毒事件の……」

その足尾である。鉱山開発のためにたくさんの木が切り倒され、排煙によって木が

枯れたりしたため、昭和の初めには山から森林がすっかりなくなってしまった。

戦後はさまざまな対策によって鉱毒の問題はほぼなくなった。国の植栽事業や地元の人たちの活動によって、少しずつ緑がよみがえり始めている。今では木がまばらに生えて、草原も見られるようになった。

ただし、まだまだほかの森に比べれば木が少なく、岩肌がむき出しになっているところも多い。

不幸な歴史の結果ではあるが、現在の足尾は野生のクマを観察できる珍しい生息地でもある。

私が初めてこの山に入ったのは修士課程を終えて社会に出たばかりのころだった。

あれから20年ほどが過ぎ、とうにプロジェ

栃木・群馬県足尾日光地域

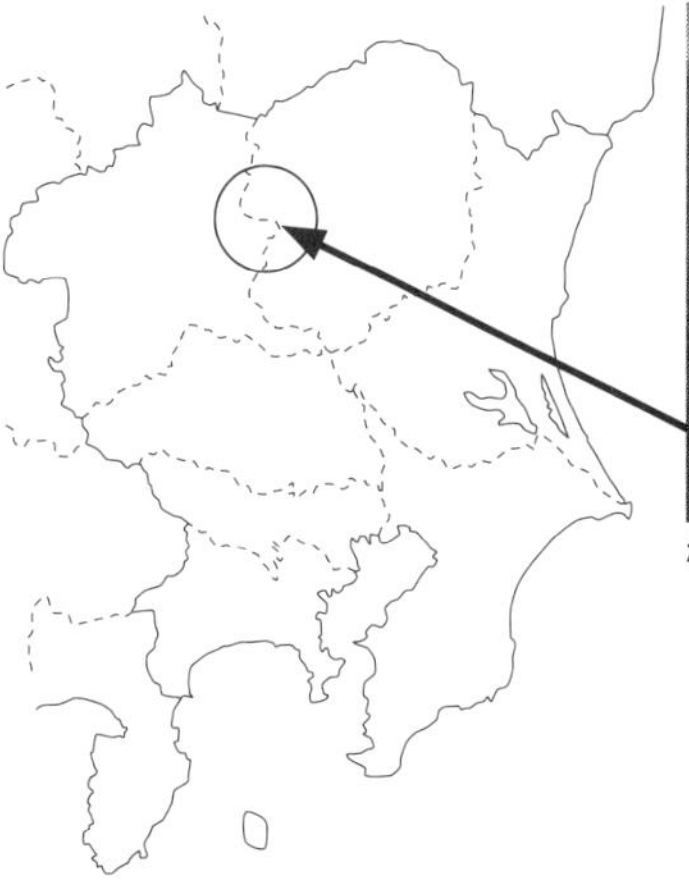

足尾は周辺一帯も山地

クトも終わったが、今にいたるまで定期的に調査を行っている。私にとってここは、山梨、奥多摩に続く第三のフィールドである。

そして、クマを追跡するため、初めて本格的にGPSを使った場所でもある。人工衛星を使ったシステムによってそれまでは夢物語だった、山間部での精密な追跡ができるようになった。

うまくいけば並行して進めていた秋田での飼育実験とあわせて、クマの種子散布を解明するための決定的なデータが取れるはずだ。

ウンコ拾いに始まった私の研究人生がひとつの区切りを迎えようとしていた。

谷向こうのクマを観察できるのは深い森林がない足尾ならでは

ドングリにはリズムがある

この「ツキノワグマの出没メカニズムの解明と出没予測手法の開発」というプロジェクトは、クマが秋になると人里に降りてきたり、人と接触することで人がケガをしたりするという全国的な問題の原因を探るために始まったものである。多くの研究者が原因のひとつとして疑っていたのが、ドングリの凶作である。実はドングリは豊作の年と凶作の年を不定期に繰り返すという特徴があるのだ。

これは春のスギ花粉の飛散量とよく似ている。スギ花粉もよく飛ぶ「当たり年」とそうでない年がほぼ交互にやってくる。花粉と果実という違いはあるが、ドングリの木であるブナにも森全体の木で豊作・凶作が同調する傾向があるのだ。

ちなみに、この同調の範囲は、比較的研究が進んだブナの事例でいうと東北地方全域だとか、関東地方の太平洋側全域など、とても広いことがわかっている。ブナ以外のドングリだと、もう少し範囲は狭いようだが、それでもかなり広い範囲であることに変わりはない。

なぜ、凶作年があるのかははっきりとわかっていないものの、ドングリを食べてしまうネズミのような存在に対応するためだというのが有力な説となっている。つまり、毎年100個の実を付けていると、森には100個のドングリを食べられるだけの数のネズミが生息できることになる。すると、その100個のドングリは毎年ネズミに食べ尽くされてしまう。

ここで、ある年は50個だけしか実らないようにすれば、その年は50個のドングリを食べられるだけの数のネズミが生き残る。そして翌年に200個実れば、山には50個のドングリを食べられるネズミしかいないので、残り150個のドングリは生き延びて、新たに発芽する機会が得られるというわけだ。

というわけで、この足尾のプロジェクトではクマ研究者がなるべく多くの個体にGPS付きの首輪を付けて追跡し、植物の研究者がドングリの豊作・凶作を調べて、ドングリの量とクマの行動との関係を明らかにすることになったのである。

木になるドングリはどう数えるのか

さて、ドングリの豊作・凶作を判断するためには、ドングリの数を数えなければいけない。その基本的な方法はシードトラップである。これは、寒冷紗と呼ばれるレースのカーテンのような薄い布を木の下に張って、木から落ちた実を拾うというもので

ある。

このシードトラップは私たちがミシンを使って縫って手作りする。思い出深いのは、まだ大学3年生のとき、山梨の調査でシードトラップをひたすら作り、30個程度を設置したときのことだ。

このときは8月に作り始めたが、9月には早くも、ドングリの木が実り始めるので、昼夜問わずシードトラップを作りまくったものだった。そこで社長のミシンを借り、富士吉田のホームセンターで寒冷紗を買い占めて、インターンで来ていた学生さんたちと協力してせっせと縫いまくった。

その数約30個。あまりにも酷使しすぎてミシンが壊れてしまうほどだった。おかげで私もミシンがずいぶんと上手に使えるようになった。しかし、それだけ苦労して作ったものの、山梨の調査ではろくに果実が拾えなかった。中にはイノシシに突かれて破れてしまったものもあった。

そんなわけで結局論文に使えるデータは取れなかった。それでも、みんなでその約30個のシードトラップを担いで山に行って設置して回るのは、ちょっとワクワクするイベントでもあった。ほろ苦くも懐かしい思い出である。

そんな経験も、決して無駄にはなっていないのだ。やはり植物の研究をするうえではシードトラップが必要なのである。この足尾でのプロジェクトでは、より簡単に、より広範囲の果実を、より正確に計る必要に迫られることになった。そこで、何本かの木の下にシードトラップを置き、同時に双眼鏡を使ってその木の果実を教える調査を行った。そして、それぞれの方法でカウントした2つの値にどんな関係があるのかを数式で明らかにしたのだった。

この数式があれば、双眼鏡で木になっているドングリを一定時間数えた数値を計算式に入れて、シードトラップを使った場合に得られる果実数、すなわち木になっている実の数を導き出すことができる。

このときは600本のドングリの木を調べることになっていた。シードトラップだけで果実の数を調べようとすると、1本の木に3つくらいは設置しておかないとうまく実が取れない。600本ともなれば、1800個を設置しなければいけないことになる。それを考えるといかに効率が良いかがわかるのではないだろうか。

こうして私たちは、昔ながらの基本的な方法と数学との合わせ技で、さして労力をかけずにすべての結実量を導き出すことができたのだった。

なお、このプロジェクト自体は2010年に終わったが、現在も足尾の山のブナなどの木400~500本を対象に毎年豊作・凶作の調査を行っている。

GPSは革命だった

GPS（全地球測位システム）とは何台もの人工衛星が出す電波を受信することで、地球上のどこにいても正確な場所を特定できるシステムだ。カーナビやスマホにも使われていて、今や私たちの生活に欠かせないテクノロジーである。

2000年ごろからは野生動物の追跡にも使われるようになり、この足尾の調査でもGPS受信機付きの首輪（以下「GPS首輪」）が本格的に導入されることになった。山梨での調査の終盤にも3つを試しに付けたことがあったが、足尾では捕獲したクマの多くに付けた。

GPS首輪はそれまでの電波発信機付き首輪よりも10倍ほど値段が高く、当時は1つにつき30万円くらいはした。おかげで必要な研究予算は跳ね上がったが、追跡の精度も段違いに向上したのである。

それまでの電波発信機付き首輪なら1日約200㎞を探し回って位置情報を1つ割り出すのがやっとだった。天気が悪い日や夜間の追跡はとても難しく、絶え間なくターゲットを追跡するなど夢物語だった。

GPSならば自動的に場所を特定してくれるため、天候に左右されることなく24時間リアルタイムでどこにいるかがわかり、位置情報が記録されていく。最近の機種では最新の位置情報がメールで送られてくる設定も可能で、手元のパソコンやスマートフォンでもクマが今どこにいるのかがわかるようになった。

しかも、位置を特定する間隔は「5分ごと」「1日1回」など調査の目的に合わせて好きなように設定できる。

おかげで私たちは、発信機を付けたクマを探し出す時間を別のことに使えるようになったのだ。

GPS首輪の登場によって、クマが一定時間にどれくらいの距離を移動したかということもわかるようになった。正確にいうと、24時間で前いた場所か

GPS首輪を付けたクマ（撮影：横田博）

ら何km遠くに移動したのかという直線移動距離と、24時間の間にクマが合計何km動いたのかという累積移動距離である。

直線移動距離からは実際にタネを散布した範囲が推定でき、累計移動距離を使えば、クマが最長でどこまで遠くにタネを運ぶポテンシャルがあるのかを推定できるというわけだ。

このようなタネの散布範囲の推定は、これまでのVHFテレメトリー法ではできない手法であった。

ただ、足尾のプロジェクトが始まった当時の追跡システムは、現在ほど高性能ではなく、さまざまな問題を抱えていた。おかげで首輪を付けたクマを一斉に見失うという事態にも見舞われることになった。

クマの集団失踪事件

2006年、春先から首輪を付けてきたクマたちの追跡調査を行っていたところ、8月中旬から行方がわからなくなるクマが現れ始めた。当時使っていたGPS首輪は古いタイプのものだったので、まだリアルタイムでクマの居場所を追跡することができなかった。

GPS首輪を付けてからの位置情報は受信機に内蔵したメモリに蓄積されている。困ったことに、首輪を回収しなければデータを取り出すことができない。これが首輪から出る電波を頼りにクマを探し出し、クマから数百m以内の場所にまで近づいてリモコンで首輪を脱落させて回収する方式だった。

だから、足尾付近でクマの位置情報が取れなくなったとなると、外の範囲を手分けして探し回らなければいけないのである。

仕方がないので、それまでの経験で思い当たる場所を探してみた。しかし、車で行けるところは車で、ときには機材を担いで山を登って探したのに、一向にクマは見つからない。いったいクマたちはどこに消えたというのだろうか。

頼みはあのラジオテレメトリー方式の発信機だった。かつてはGPS受信機が故障した場合に備えて、発信機を首輪に取り付けていたのだった。こうして私たちは再び八木アンテナを手に取り、さらに広範囲を探索して回ったのであった。

9月のある日、車の運転中にかすかな「ピピッ」という電波の音を拾うことができた。その場所は足尾から北西に20㎞も離れた群馬県の丸沼という場所だった。しかもその首輪を付けた個体は、FB74という子連れのメスなのだ。足尾と丸沼の間には、

標高2000m級の山もある。そんな場所に、子連れのメスが移動できるのか!?　見間違いではないかと再度調べたが、電波の周波数はまぎれもなくFB74の首輪のものだった。

「子連れですら高い山を越えて、こんな長距離を移動するのだとすれば、失踪したクマたちは、思った以上に広範囲を移動しているんじゃないだろうか?」

そう考えた私たちは、捜索範囲を足尾から半径50㎞圏にまで広げることにした。すると驚くべきことに、消息を絶ったクマたちがあれよあれよと見つかり始めたのである。中には、FB74のような子連れのメスもいた。

折しもこのとき、プロジェクトの植物チームからは、「2006年はミズナラが凶作のようだ」という情報が入ってきた。やはりドングリの凶作年には、クマの行動範囲がいつもと大きく変わり、かなり遠くにまで行くことを思い知らされたのである。

高所恐怖症ですが小型飛行機に乗りました

足尾の調査では、こちらが意図していないのにクマが自力で首輪を外して落としてしまうことも多かった。そんなときもやはり首輪の発信機が頼りだ。アンテナを振って音がすると思ったら、崖の出っ張りに落ちていたことも多々あった。首輪1台が高いので、多少の危険を冒してもなるべく回収したい。

そこで役に立ったのが探検部時代に覚えたロープワークや懸垂下降である。崖の上からロープを垂らして降りて拾う。もし拾えなかったら、再び崖に登って別の場所から懸垂下降をする。それを繰り返して首輪を拾うのだった。ときには首輪が木の上に引っかかったままの状態のこともあった。そのときは、木にロープをかけて回収することもあった。

もちろん、位置が特定できなければ何も始まらない。そのときの最後の手段は、小型飛行機である。これは高所恐怖症の私にとっては一番苦手なのだが、乗らなければ探せないのだから、乗るしかない。初めて乗ったのは奥多摩での調査のときだった。

足尾でも乗ったことがある。栃木県の山沿いは、夏は夕立が発生しやすく、大気の状態が不安定なので、秋の終わりごろしか飛ばすことができない。

足尾の調査時は今はなき阿見飛行場から出発したのだが、そこから日光まで30分はかかる。また、中禅寺湖の上から尾瀬のほうまで広い範囲を飛んで探すため、1回のフライトで2時間かかかった。

小型機はだいたい1000~2000mほどの高度で飛ぶ。紅葉の時期は見下ろした景色がとてもキレイだったが、ときどき上昇気流や下降気流にはまると、ガクッと落ちる感覚が本当に怖かった。仕方がないから、ただひたすら遠くを見て気をそらすしかなく、乗っている間は緊張で脂汗が出て、私の手はいつもベタベタになっていた。

なお、初めて小型機に乗ったときは、まだ地上波の電波を使った調査ができたころだったので、アンテナを振って首輪を探した。そのあたり一帯をつぶすように広い範囲をジグザグに飛んでもらい、無線機のチャンネルを変えながら「ピピッ」という音をひたすら探したのだ。

しかし、電波を拾えなければ基本的には

「ザーッ」という音が聞こえているだけである。単調な音を聞いていると怖いのを忘れて眠くなってくる。

それでは「ピピッ」を聞き逃すのでどんなに眠くても眠れない。安くはないチャーター料金を無駄にはできないし、高価な首輪と貴重なデータは失うわけにいかない。怖くて眠くてプレッシャーのかかる調査だった。

あまのじゃくなミズナラを求めて

このような、ドングリの豊作・凶作の調査と、クマのGPS首輪を使った追跡調査で、やはり凶作の年は豊作の年よりもクマが大きく移動することがわかってきた。ただ、GPSから得られたクマの動きをもっと詳しく見ていくと、ドングリが凶作の年のクマは、広い範囲をまんべんなく動いているわけではないということもわかった。

どうやら、クマが集中的に滞在する「クマステーション」とでも呼べる場所が何ヶ所かあり、クマはあるステーションから次のステーションへと一気に移動するのである。豊作の年だとステーション同士の間隔が狭いが、凶作の年は間隔が広いこともわかった。

しかも、凶作の年は豊作の年よりも標高の低い場所にまで下りてくることもわかった。おそらく、普段食べるミズナラのドングリは標高１０００ｍ以上の高い場所に生えているため、凶作の場合は、より標高の低い場所に生えるコナラのドングリやクリなどのほかの果実を求めて移動したのだと思われる。

このクマステーションがどんな場所かを調査したところ、豊作の年はやはりミズナラがたくさん生えている森だった。一方、凶作の年は、スギ林の間や、道路と川との間にある隙間に茂った森のような場所だった。

「どうしてクマがこんなところに？」と思ってさらに詳しく調べてみると、必ずといっていいほどポツンとミズナラの木が生えていた。

実は、ミズナラは凶作でも周りと同調しないあまのじゃくな木があることが知られている。クマはもしかして、食べ物を探して広い範囲を歩き回る中で、あまのじゃくなミズナラを発見して、そこにしばらく滞在してミズナラを食べているのかもしれない。そして、それでも足りないとなると、もっと標高の低い場所に生えるコナラやクリを求めて山を下りてきて、人里に出没するのだと思われる。

ところでドングリが凶作になると、クマがお腹を空かせてかわいそうだし、人里に下りてきて駆除されるのを防ぐためにも、ドングリを山にまこうという意見がある。

しかし、森全体で見るとそれはよいこととはいえないのかもしれない。ミズナラが凶作のときは、本来はクマが見向きもしないサルナシなどの実がドングリの代わりに食べられるようになる。また、食べ物を探してクマは普段よりも広範囲を移動することになる。すると、サルナシのタネがクマによって遠くに運ばれる。つまり、ドングリの凶作はほかの植物にとってのチャンスになり、ひいてはそれが森全体を豊かにしていく可能性もある。

森の中にはさまざまな生物がいて、複雑な関わり合いの中でひとつの生態系を形作っている。果たしてドングリとクマの関係だけを見て人間が介入していいものなのか、常に問い続けていかねばならないと思う。

クマはフットワークとウンコの仕方が最高である

さて、足尾でクマにGPS首輪を装着して、クマの移動距離が把握できるようになり、クマ牧場での飼育実験でクマの体内でのタネの滞留時間がわかるようになった。この2つの調査・実験で明らかになったクマの種子散布についてまとめてみよう。

クマ牧場での飼育実験では、赤い食紅で色を付けたタネを混ぜた食事をクマに食べ

させた。すると、その後3〜8回は赤いタネがウンコに混ざった。つまり、クマは食べたものを小分けに脱糞していることがわかった。

さらにクマは食べたものを食べた順番に出す。1回目のエサに赤いタネを混ぜ、2回目に青いタネを混ぜて与えたら、2色のタネが1つのウンコに混じって出ることがなく青が赤を追い越したりすることもなかった。

哺乳類の中にはお腹の中で食べた順番がごちゃ混ぜになる動物も多いが、クマは違うのである。これなら違う植物のタネが同じウンコの中に混じることがなく、発芽してから養分の奪い合いになる心配がない。

一宿一飯の恩義というやつだろうか。クライアント同士を競合させずに共存繁栄させる辣腕経営者さながらの生存戦略なのだろうか。どちらにしても、競争力が弱くて繊細な植物にも子孫を増やすチャンスが増えるという、何とも義理堅くて生物多様性に配慮した脱糞方式である。

その点でいくと、タヌキやアナグマの場合は貯め糞をするので、いつも決まった場所でしかウンコをしない。これではタネが密集して、土壌の栄養や日光を巡って競合することになるので、植物にとってはあまり良いこととはいえない。強い植物ばかりが発芽・成長して、弱い植物には不利になるかもしれない。

鳥は体が小さくていつも体重を軽くしないと飛べないから、一食分のウンコは一発で出し切ってしまう。

こうしてほかの動物と比較していくと、食べたものを順番に、小分けに出していくというのが、いかに種子散布者としてユニークで優れた特徴かということがわかるだろう。

さらに、GPS付き首輪でクマの1日の移動を調べ、食事から脱糞までの時間をクマ牧場で調べて、そのデータを分析した。するとクマは食べた50%以上のタネを、その実を付けた木よりも１km以上離れたところまで散布すると推定できた。散布のピークは５００～１２５０ｍの範囲である。これは、ほかの動物とくらべても圧倒的に長い。これまでの研究でわかってきたのは、ヒヨドリが２００ｍ以内、タヌキは５～58ｍ、ニホンザルは最大で１３８ｍだからだ。

クマの普段の生活は寝るか食べるか、移動するかだけだ。ダラダラ食べて、ものすごい距離を移動しながらさまざまなところにウンコをばらまいていく。しかも群れをなすわけではなく、縄張りがあるわけでもない。個々にばらまいてくれるのだ。ウンコの仕方、フットワーク、個体同士の分散の仕方、植物にとってはどれをとっても種子散布者として理想的な存在といえそうだ。

これまでの研究では、クマの種子散布者としてのポテンシャルがわかった。また、

エサとなる果実の豊凶によってクマの食べるものや行動パターンが変わり、それによって種子散布者としての働きやパターンも変化することもわかった。

これらの内容を私は論文にまとめてスウェーデンの学術雑誌に投稿した。前回の論文投稿のときとは違い、今度は査読者からの反応はおおむね好意的であり、学術雑誌にも無事掲載された。このとき特に印象に残ったのが、査読者のひとりであるリン・ロジャーズさんのコメントだった。長年アメリカクロクマの生態研究に携わってきた、クマ研究の第一人者である彼は、

「私は昔から人々にクマがいることに価値があるのかと問われてきたが、今

日初めてその答えを堂々ということができる」というコメントを寄せてくれた。

「そうだ！　本当にその通りだよ！」

嬉しすぎて叫びたくなった。国境を越えてクマ研究者同士の想いが通じ合った瞬間である。研究を続けてきてよかった。このときほど、強くそう思ったことはない。

大学教員になる

さて、2008年3月に無事博士号を取得した私は、再び就職の問題に直面していた。私が博士課程を修了した2008年は、まったくといっていいほど研究所や大学のポストがなかった。

私はちょうど博士課程の3年生で学振（文科省所管の団体である「日本学術振興会」が研究者に給料や研究に使えるお金を与える制度）が取れたため、金銭面ではさほど不安はなかった。そのあとも1年ぐらいならポスドクと呼ばれる任期付きの研究員ができるだろう。

「30代半ばぐらいまでにどっかの専任になればいいや。今時、若手なんてみんなそんな感じだしね」と、呑気に当時付き合っていた彼女に呟いた。

するとと彼女はこういい放った。

「就職しないと別れるよ」

「もう、冗談きついって」と、喉元まで出かかった言葉を飲み込んだ。目が本気だ。これはまずい。

彼女は大学の後輩で、私がどうしようもない学生だったころからの知り合いである。奇跡的に縁があって付き合い始め、ありがたいことに仕事を辞めて大学院に戻るような私を見捨てずにいてくれた。いつしか当たり前だと錯覚していたが、一生に一度かもしれないほどの強運で得た幸せだったと思う。

それが今まさに私の手をすり抜けようとしている。このままではプライベートが永遠に暗黒面をさまようことになるだろう。切羽詰まった私は、博士課程の3年生の夏ごろから必死に研究職のポストを探し始めた。

就職先として真っ先に脳裏に浮かんだのが足尾のプロジェクトの中心だった森林総合研究所である。しかし当時この研究所は、植物系の研究と動物系の研究で部署がはっきりと分かれており、どちらも横断的にやっていた私のような研究者には行く場所がなかった。

もうひとつ、研究室で人を育てることに魅力を感じ始め、大学の教員になるというのもいいと思うようになってきていた。こちらはちょうど全国に3つほど公募があった。その1つはかつて古林先生が定年退職したことで空いた母校・東京農工大のポストだった。

しかし、ポストというのは、

「古林先生のポストは弟子の小池君に継いでもらおう！」とすんなり決まるものではない。

ひとたび専任教員の公募がかかれば、日本中から輝かしい実績をひっさげた錚々たる研究者たちが殺到。たった一枠を争うのだ。極端な買い手市場だったから、どこも選考はシビアだった。

意外なことに農工大は書類審査を通った。面接を受けたのは2008年の3月だった。うまく行った気はしなかった。「まあダメなんだろうな」と思いつつ、直後に遠方で学会があったのでそちらに行き、戻ってきたら大学から郵便が届いていた。

「なんで俺なんだよ!?」

それは採用通知だった。バタバタと書類を用意して手続きをし、5月から助教として働くことになったのである。この時代、ここまでスムーズに定職に就けたのはラッキーだったとしかいいようがない。

なぜ、私が採用されたのか。それから15年ほど経ち、たまたま面接官をしていた先輩教授と飲む機会があったので聞いてみたことがある。するとどうやら、面接の受け答えが採用の決め手だったようなのだ。

面接では、修士2年のときに山梨の調査のときにテントを担いで野宿し、夜はテントの中でデータ整理や論文執筆をしていたという話をした。また、面接官から、

「これだけ山に入っていて、どうやって次の研究テーマを考えているんですか？」と聞かれたので、

「常に山の中を観察して、さまざまな現象を見ているとヒントが浮かんできますね」と答えたりした。

こんな話がどうやら面接官の間で受けたのだという。そして、

「大学の教員にはこういう変な人が混ざっていたほうがいいんだ」という理由で採用が決まったらしい。

まあようするに、大学としてはタフな人材が欲しかったのだと思う。舗装された道路もトイレもないような山の過酷な環境で鍛えられていたら、どんなエグい状況になっても耐えられそうだし、どんなハードな仕事でもやり切ってくれそうだと思われたのだろう。

それに、クマの研究をしているといっても、クマだけではなく植物や昆虫にいたる

まで幅広く研究していたため、学生に提供できる研究テーマの幅も広がるだろうという思惑もあったようだ。

論文数が多いわけでもない、何か世の中にすぐ役に立ちそうな研究をしているわけでもない。座学と研究室での実験に秀でた一般的な学者像とはほど遠い、体力自慢のフィールドワーカーである。そんな私のような人間でも、大学側の都合とたまたまうまくマッチして運よくポストを得ることがあるのだ。

ともあれ、これで博士課程の修了からほとんど切れ目なく職を得ることができた。折しも彼女も転職をすることになって一緒に住むことになり、その流れで入籍することになった。

この年の春は、人生のすごろくがバタバタと進んでいく季節だった。

コラム　169時間クマの食事を監視する

足尾での調査は、プロジェクトが2010年に終わったあとも続けており、大学教員になった私は学生たちを連れてよく調査に訪れる。そのなかでも特に思い出深かったのが、2010年に研究室の藤原紗菜さんらと行ったクマの「アリなめ」を長時間観察する調査だった。

足尾の最大の魅力は、野生のクマの姿を観察しやすいことだというのはすでに述べた。特にクマを見るチャンスは6～7月。この季節になると、足尾のクマは自分の体ほどの大きさのある岩をゴロゴロと転がし、岩の下に作られたアリの巣をべろべろとなめてアリを食べる。

最初は、なぜここのクマが岩を転がしているのか謎だったのだが、糞分析の結果、6月に拾ったウンコの中にクロオオアリやクロヤマアリ、キイロケアリなどのアリが多く含まれていることがわかり、あの岩を転がす行動はアリをなめるためだったのかと合点がいった。

アリは巣を見つければ効率よく大量に食べられ、しかも動物性たんぱく質なので栄養も豊富だ。

あんな小さいものをちまちまと食べてお腹が膨れるのか疑問だが、人間だってしらすを食べるわけだし、クマにとってはスナック感覚なのだと思う。

調べていくうちに、足尾周辺の森よりも、草地のほうがアリが多く生息していることもわかった。なぜ、岩の下にアリの巣があるのか。それは、岩が太陽の光で温まりやすいため、巣の中が暖かくなるからだ。岩はカイロのようにアリの巣を温めてくれる存在なのだ。

さらに、足尾では、ハゲ山を再生する際、土壌が流出してしまった岩盤の上に再び土を入れて緑化しているため、土の層がそれほど深くない。だから、アリの巣も垂直方向に深く広がらず、水平方向に広がるような形で作られる。すると、クマが岩を転がしても、アリが地中深くまで逃げにくいので、比較的簡単にアリを食べることができるのだ。

足尾のクマは日本のほかの地域よりもアリをよく食べることが、7章でも触れるクマの毛の分析からも明らかになっている。

この足尾で、学部生や大学院生4~5人と一緒に169時間にわたってクマのアリ

なめを観察したのだった。

まずは林道でトランシーバーを持って張り込みをする。しかし、クマはなかなか出てこない。メンバー同士で、

「クマ出てこないね……。何を考えているんだろうねえ……」などといってひたすら「兆し」を待つ。

そうこうしているうちに、クマが岩を転がす「ガラガラ」という音が聞こえ始める。そうなるといよいよ出動のチャンスだ。周囲をきょろきょろと見渡して、クマを見つけたら、

「今、クマが出たぞ！」とトランシーバーで連絡する。

そしてクマが見えるポイントに移動し、望遠レンズを装着したビデオカメラで撮影するのだ。

こうして約300回にもおよぶクマのアリなめ行動を撮影してわかったことは、クマが時期によって食べ方を変えているということだった。

特に6月下旬から7月下旬にかけての期間は、アリなめの時間が短い。それは、この時期の女王アリが次の女王やオスアリを産み始めるからだ。女王アリのサナギは、働きアリのサナギよりも大きいし、動かない。だから動かない女王アリのサナギをさ

っさと食べて、次のアリの巣に向かうのである。

これがほかの季節だと、巣の中は働きアリが多くなるので、すぐに土の中に逃げようとする働きアリを追いかけて、土をほじくりながらなめなければいけない。だから時間がかかってしまうのだ。

この調査では、クマがアリを食べている時間よりも、クマの姿すら見えない時間のほうがずっと長かったので、１６９時間のうちのほとんどはひたすら待機であった。

それでもクマの姿が見られたのは新鮮だった。なんせ、私が山梨で調査していたころはその姿をほとんど見ることができなかったからである。

石が転がる音がするとクマを思い出す

6章 海外武者修行の旅

クマの種子散布の研究にひと区切りを付けた私は、運よく大学にポストを得ることができた。ここまでの成果には満足しているし、生活の心配をせずにずっと研究を続けられるのは本当に幸せなことだと思う。

しかし、これは研究人生のゴールではない。まだまだクマはわからないことだらけだ。明らかにしたいことも、やってみたいこともいっぱいある。それに学生を指導する立場になったのだから、今まで以上に最新の研究や技術革新に目を光らせなければいけない。もっと研究者としての幅を広げていかなければ……。

30歳の私はそんな真面目な意気込みに鼻息を荒くしていた。

山﨑さんをはじめ同じ研究チームの仲間とはこれからも試行錯誤を続けていくつもりだ。それと同時に、今までとはまったく違う環境に飛び込んでいく必要も感じる。できることならば、世界最先端のクマ研究チームに参加して修行をさせてもらえないだろうか。日本とは異質なフィールドで調査をすることで、クマに対する見方をもっと柔らかくすることができるのではないだろうか。とにかく研究者としてブレイク・スルーのきっかけがほしいんだ。

「そうだ。海外へ行こう！　お金と時間があればだけど」

チャンスは意外に早くやってきた。

まずは2011年の1～3月にはアメリカ、そのあとの4～12月にはノルウェーに留学できることになった。さらに2014年からは年1回ロシア沿海州の自然保護区に通って調査をすることも決まる。

期待した通り、海外の研究チームでの経験は学ぶことばかりで、クマの生態も人間の文化も日本とは違っていて刺激にあふれていた。

世界のクマたち

海外のクマ調査の話をする前に、世界にはどんなクマがいて、どんな分布をしているのかを説明しようと思う。

まず、世界には現在8種類のクマがいる。最も寒い場所に住んでいるのが、ご存じ真っ白なホッキョクグマである。このクマは「シロクマ」とも呼ばれているが、正式な名前は「ホッキョクグマ」だ。ちなみに、ホッキョクグマの毛は白色ではなく透明で、地肌は黒い。光の乱反射で真っ白に見えるのだ。

ホッキョクグマは、クマの中では最も体が大きく、体長は成熟したオスで2.5ｍ（鼻先から尾までの長さ）、体重800kgにもなる。生息地は北極海を中心とした地域で、

1年の大半を海に浮かんだ氷の上で過ごし、主な食べ物はアザラシである。近年では地球温暖化などによる氷の減少で、十分にエサを取れずに数を減らしていることが問題となっている。

日本では北海道だけに生息しているのがヒグマだ。世界で最も広く分布しているクマで、生息できる環境も日本のような森のほか、アラスカや北極圏近くのツンドラ地帯と呼ばれるあまり植物が生えていない場所、ヒマラヤのような高山や砂漠など、さまざまな環境に適応している。

北アメリカに生息するヒグマの一部はハイイログマやグリズリーとも呼ばれている。体長はオス2m、メス1.5m、2本の足で立ち上がれば巨人のように大きく、体重もオスが150～400kg、メスは100～200kgとけた違いに大きい。

古くは7名が犠牲になった三毛別羆事件、最近では多くの乳牛を襲って酪農家に損害を与えたOSO18のせいで、人や家畜を襲う猛獣のイメージが広く定着している。そのためヒグマを肉食だと思っている人も多いだろう。しかし、実はツキノワグマと同じ雑食性で日本のヒグマは木の実や草を主に食べる。

私は北海道の知床でヒグマを見たことがあるが、やはりツキノワグマはヒグマと比べて少しおとなしいんだなと実感した。また、ロシアではヒグマとツキノワグマが同

世界のクマたち。どのクマもそれぞれの生息地の自然を
象徴するような種だと思う

じ森の中で暮らしているが、そこではツキノワグマはヒグマに対して少し身構えているというか、こっそり生きているような印象があった。

しかし、より森が似合うのはツキノワグマである。爪がヒグマほど湾曲していなくて体重も軽いので、木に登るのはずっと上手だ。ヒグマは高山や砂漠、ツンドラ地帯など、さまざまな場所でも生きていけるが、ツキノワグマは森でしか生きていけない。標高が高すぎず、平地にすぎず起伏に富んだ、ちょうど日本の本州のような中程度の標高で深い森に適応しているのがツキノワグマなのである。

なお、私たちがツキノワグマと呼んでいるクマは海外ではアジアクロクマと呼ばれている。生息域は、西はイランから東は日本、北はロシアで南はマレー半島である。生息域は広いが、数はどんどん減っていて、韓国では絶滅状態になっており、遺伝的にはほとんど同じとされているロシアや北朝鮮のクマを再導入して、現在では南部の智異山を中心に約50頭前後が生息している。韓国でのツキノワグマは、まるで日本のトキのような存在といえるだろう。

北米大陸にはアラスカからメキシコにいたるまでアメリカクロクマが生息しており、こちらは世界でヒグマに次いで数が多い。姿はツキノワグマとよく似ている。体はアメリカクロクマのほうがひと回り大きいが、性格はツキノワグマよりおとなしい。

クマの中で最も人気があるのがジャイアントパンダだろう。ジャイアントパンダは中国語では「大熊猫」と書かれるし、あの独特の脱力感のある姿のせいで、「クマなの？　ネコなの？」といわれるが、クマ科である（ちなみに「熊猫」と中国語で呼ばれるレッサーパンダはレッサーパンダ科でクマとは違う。レッサーパンダが熊と猫に似ているから熊猫と呼ばれるようになり、それの大きいバージョンということでジャイアントパンダが「大熊猫」と呼ばれるようになったらしい）。

ジャイアントパンダは中国の四川省のごく一部に生息しており、野生の生息数は2千頭ほどである。いくつかの地域に分かれて生息しているため、個体同士の交流が難しく、野生環境での生息はかなり厳しい状況にある。

南米大陸のアンデス山脈の高地に発達する、雲霧林と呼ばれる湿度の高い森にはメガネグマがいる。こちらはめがねをかけたような顔の模様からその名前がついた。ただし、個体によって顔の模様には違いがあり、顔の半分にしか模様がなかったり、そもそも顔に模様がなかったりする個体もいる。

そしてアジアにはマレーグマとナマケグマがいる。マレーグマは東南アジアの熱帯雨林に住んでいて、クマの中では最も小さく、果実や昆虫を食べて暮らしている。ナマケグマはインドやスリランカに生息している。主食はシロアリで、アリ塚を壊して舌を使いながらアリを吸い込む。どちらのクマも密猟などで数を減らしている。

クマの寝込みを襲う修行 in USA

２０１１年、私はアメリカクロクマの調査を行うため、アメリカに3ヶ月留学することにした。なぜアメリカなのか。

それは、同じ個体をずっと追跡する確実な方法が知りたいという必要に迫られての思いからだった。

足尾の調査で見てきたように、当時の私はクマのGPS首輪を効率よく回収できないことが悩みだった。どうやれば同じ個体を長く確実に追跡できるのか。そう考えていたときに、

「アメリカではアメリカクロクマが冬眠している穴に入り、冬眠中のクマを捕まえて首輪を付け替えている」という話を小耳にはさんだのである。

冬眠の穴に入るなんて正気の沙汰とは思えない。そんなことをしたら返り討ちに遭って命の保証すらないではないか。山梨の冬眠穴で目の前に現れた、あのメスの黒い鼻の孔がどうしても脳裏に浮かんでしまい、思わず身震いしてしまう。

しかし、アメリカのミネソタ州ではかなりの数を成功させているというのだ。当時、州の森林研究所に勤めていた研究者のデイヴ・ガーシェリスさんはいった。

「30年間やってきて、穴の中で怪我をした人は1人しかいないね」

逆に考えるんだ。ツキノワグマにこのノウハウを応用できたら首輪の回収率だけでなく、いろいろな研究が飛躍的に進歩するぞ。「虎穴に入らずんば虎児を得ず」ではないけれど、「熊穴に入らずんば首輪を得ず」なのかもしれない！ これは何としても現地に飛び、実際に捕獲を体験して技術を学ばなければ。

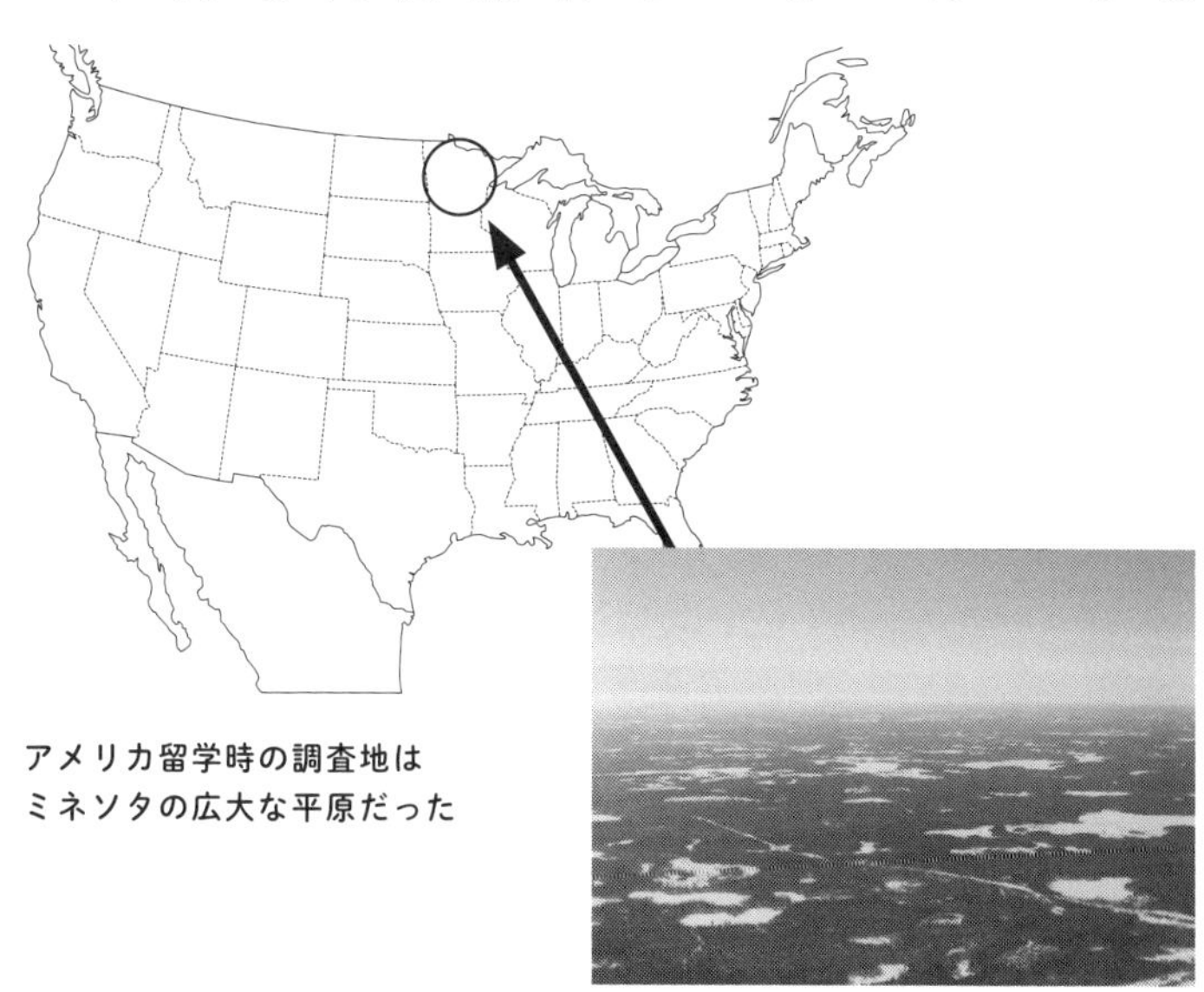

アメリカ留学時の調査地はミネソタの広大な平原だった

ミネソタ州北部

そんな思いを募らせていたところ、留学のチャンスが巡ってきたというわけだ。

クマよりも飛行機が怖い

しかし、調査を行うにあたってひとつ大きな問題があった。アメリカでは、クマを探すためにセスナに乗らなければいけないということだ。

何度でも言う。私は高所恐怖症であり、小型飛行機は大の苦手だ。ただでさえ嫌でたまらないのに、デイヴさんはこんなことをいってくる。

「大型哺乳類研究者の死因ナンバーワンは、小型機の事故なんだぜ！」

なんてこった……。クマよりもセスナに殺される確率のほうが高いとは。

しかしここでひるんでは、はるばるアメリカにまで来た意味がない。怖くて身震いは止まらないが、腹を括るしかない。

ということで、私は4人乗りの小さな飛行機に乗り込んだ。

調査で行ったアメリカのミネソタ州では、凍った湿原の中に、アメリカクロクマがポッツーンと1頭で眠っているのが観察できる。なぜだか穴に入らずに寝ている奴もいる。それで、上空から黒いポツっとした点を発見したら、急降下してものすごい低空

飛行をし、黒い点がクマかどうかを確認する。そして、

「ああ、いたね～。よかったよかった」

と、また急上昇するのだ。

アメリカ人のおおらかさの裏返しだろうか、それともパイロットが映画『トップガン』のトム・クルーズみたいな海軍の戦闘機乗りだったのだろうか。とにかく操縦が荒っぽいのだ。

日本と違って山が少なく広大な平原だからこんな飛行ができるのだろう。しかし、この急降下と急上昇のときの胃のあたりがフワッとするあの感覚たるや。繰り返されると、オエップと吐き気がこみ上げてくる。これを毎日、1日6時間繰り返す。高所恐怖症なのに、小型機で起

もう一度いう。小型機怖い。高いところ怖い

きている時間の1／3を過ごさなければいけないだなんて、苦行でしかない。

寝起きの怒れるクマを捕まえる

では、肝心のクマ捕獲はどうだったのか。

山がちな日本と違って八木アンテナを振っても電波がよく拾える。移動も一面の雪だが雪上車が使えるのであまり苦労しない。最初のころは、冬眠穴を見つけて捕獲作業が始まってもデイヴさんがやっている様子をただ見学しているだけだった。

そしてあるとき、

「お前もやってみろ」と麻酔銃を渡された。おそるおそる冬眠穴に入ってみて、アメリカクロクマの姿を確認する。すると、2つの目が闇の中でキュピーンと黒光りしているではないか。安眠を妨害されたのだから、当然クマはカンカンである。目線を外さずにじっとこちらを睨んでいるところを見ると、

「やんのかゴラァ！」とでもいいたげである。漫画ならば頭からシューシューと湯気が立ち上らせて怒っているところだろう。しかし気のせいか、おびえているようにも見えた。

おそるおそるだが捕獲には成功した。結局アメリカ滞在の3ヶ月の間にかれこれ30頭ほど捕獲できたのである。ときには麻酔銃ではなく、棒の先にくくり付けた注射器を直接ブスッと刺して麻酔したこともあった。

メスの巣穴の中には子グマがいることもあった。あのコロコロした姿を見るたび、クマ牧場での記憶と胸の高鳴りがよみがえってきた。

子グマはかわいい。ツキノワグマだろうとアメリカクロクマだろうとめちゃくちゃかわいい。緊張感たっぷりの捕獲現場も一気に和む。

「日本でもこんなふうに野生の子グマと触れ合いたい！」と思った。

森の中でクマさんと出会って死にかける

武者修行を終えた私は日本に戻り、日本のツキノワグマでも同じ方法を試すことにした。２０１２年の2月、共同研究者の山﨑さんや学生とともに奥多摩へ向かった。あらかじめGPS首輪を付けていたクマの冬眠穴に入って、麻酔をかけて首輪を回収することにしたのである。

山に入ると、ちょうどターゲットのツキノワグマが、木の根の間に頭を突っ込んで、「頭隠して尻隠さず」のポーズで寝ていた。

そのクマを前に、興奮のあまり、

「これ、イケるぞ！」

「いっちゃうか」

なんてしゃべっていたのがいけなかったのだろうか。あろうことかクマは目を覚まし、クルっと振り返った。次の瞬間、真っ黒な筋骨隆々（きんこつりゅうりゅう）のケモノはダーッとすごい勢いでこちらに向かってきたのだった。

一緒にいた学生の1人は腰を抜かして動けなくなり、ほかの2人は一目散に走って逃げ出す。

クマは山﨑さんとちょうど至近距離で向き合う形となった。これはまずい。命が危ない！

私はとっさに持っていたクマ撃退用スプレーをクマの顔にかけた。スプレーにはトウガラシの粉が大量に含まれている。クマは悶絶して斜面を転げ落ち、逃げていった。

このときクマ撃退用スプレーはクマだけでなく、山﨑さんの顔にもかかった。トウガラシまみれのスプレーが目に入るのだ。人間にとっても悶絶ものである。山﨑さんいわく、「特上のすりわさびに激痛というおまけを付けて、のどや目に放り込まれた感じ」だったという。しばらくは息が詰まり、目も開けられず、

ミネソタのときみたいに子グマを抱きたかったのに……

頭や顔の皮膚にしみこんだ唐辛子成分もじくじくと傷んで、散々な思いをしたようだ。

山崎さんには申し訳ないことをしたと思っている。それでも、もしスプレーをかけていなかったら、きっと顔面をクマの鋭い爪にえぐられ、山崎さんの命はなかっただろう。迷っている暇も選択の余地もなかった。

この経験でつくづく思い知ったのだが、アメリカクロクマとツキノワグマでは性質が全然違うということだった。やっぱり、ツキノワグマは気性が荒い。そういえば、ミネソタのデイヴさんもいってたなあ。

「中国で同じことを何回かやってきたけど、やっぱりあっちのクマは穴から出ちゃうよね！」

日本でも2度の成功例がある。アメリカで30頭も捕獲できたという自信もあった。武者修行を積んだ自分ならば成功するだろうと思っていたのだが、そこまで甘くはなかったのだ。

しかし、そんな散々な目に遭っても、私は冬眠中のクマを捕獲したいのである。このクマ返り討ち事件のあと、足尾でも同じように捕獲を試みた。しかし、そこでもやっぱり成功には至らなかった。足尾のケースでは冬眠穴が岩穴でかなり奥が深かったのが敗因だった。

穴の構造も捕獲の成否を分けるカギになる。土の穴だと出口がいくつあるかわからないのでちょっと怖い。奥にクマが逃げて行ったと思ったら、横からバアッと出てきて襲われるかもしれないからだ。やはり、奥多摩のときのような、木の根の冬眠穴がベストなのだ。

死ぬかと思ったし、まだまだどうすればうまくいくのかわからない。後年、韓国ではツキノワグマの冬眠穴に突入して捕獲をしていると聞いて、現場を見せてもらったことがあった。まるで機動隊のような全身防備で冬眠中のクマに向かっていく勇ましい様子をまじまじと見て、正直、ちょっとひるんでしまった。

それでも「いつか必ずやってやる！」

とたぎる熱情を胸に秘め、条件の良い冬眠穴を探しながら、今もチャンスを狙っている。

そしてこの熱き思い、「まだ懲りてねえのかよ！」と叱られそうで、山﨑さんにも学生たちにも伝えられずにいるのであった。

ロシアのクマはトラに食われる⁉

海外調査といえば、２０１２年から始まったロシアでの調査も思い出深い。ロシア沿海州のウラジオストクから７００㎞ほどの場所にあるシホテアリン自然保護区は、ちょうど日本の稚内の対岸あたりにあって、アフリカのセレンゲティやンゴロンゴロと並び多様な食肉目の哺乳類が生息する地域として知られている。そこはオオカミやアムールトラ、アムールヒョウ、そしてヒグマとツキノワグマが暮らしているという世界でも非常に珍しい場所なのだ。

私がロシアに行ってみようと思ったのは、いつも国際会議にやってくるロシア人の研究者のイヴァン・セオドーキンさんが、

「シホテアリンではクマがトラの主食なんだぜ。冬眠しているツキノワグマをトラが

引きずり出して食べるんだよ。だから、そこのツキノワグマの冬眠穴は木の高いところにある」

なんて物騒な話をしているのを聞いたのがきっかけだ。

クマが食べられてしまうってどういうことだよ!? しかも、ヒグマとツキノワグマが同居する場所なんてロシアと北朝鮮にしかないのだ。どうやって住み分けているのか、この目で見てみたいじゃないか。これは行くしかない! 同じような思いに駆られたクマ研究者は私ひとりではなかった。そして、みんなで力を合わせてロシアでの現地研究プロジェクトが動き出したのであった。

シホテアリン自然保護区

稚内の対岸約 700km にある保護区

ところがその準備は予想以上に難航した。何がそんなに大変だったのか。

まずは、道具の調達である。もともと、ロシアではクマを捕獲する際には「くくり罠」という道具を使っていた。これは、ワイヤーロープを輪の形にしたものを地面に置き、その先にエサを置くという形式の罠である。エサを食べにきた動物が輪の中に手足を踏み込むと、罠が踏まれてワイヤーが締まる。すると、動物の手足がくくられて動けなくなるのだ。動物をつかまえやすくはあるのだが、時間が経つにつれてワイヤーがどんどん締まっていくので、すぐに外してやらないと動物が傷つきやすい。

しかも、くくり罠を使うと、クマだけでなく希少なトラも捕獲されてしまうということで、ロシアでは使用が禁止されるようになってしまったのだ。

仕方がないので、日本で使っていたドラム缶を連結した捕獲トラップを使うことにした。2章で説明したように、このトラップはちゃんとした図面があるわけではなく、いつも同じ鉄工所に作ってもらっていた。言葉の壁があって仕事ぶりもよくわからない現地の工場に発注するのは無謀である。

そうなると、日本で作ってロシアに持っていくしかない。あとはどうやって運ぶかだが、ちょうど当時はロシアから日本に木材を輸入していたため、その船がロシアに帰っていくときに載せてもらうことにした。

ほかにも、首輪の電波を使う権利など、海外で研究を進めるためには政府や現地の役所へのさまざまな申請が必要になってくる。しかし、こういった一連の手続きというのは、いちいち許可をもらうのにお金（いわゆる「袖の下」）を要求されるのである。しかも日本の役所では考えられないほど時間がかかる。

そんなこんなで、気が付いたら実際の調査が始まるまでに2年が過ぎていたというわけだ。

調査開始までも時間がかかったが、日本から現地に行くのも時間がかかる。ウラジオストクまでは直行便がないため、当時は韓国経由でウラジオストクに飛んだ。朝6時の羽田発の飛行機に乗らないと間に合わないので前泊は必須である。ウラジオストクに着いてからは約12時間バスに乗って数百㎞の距離を行く。そのうちの1／3は舗装されていないデコボコ道である。車に酔いやすい人にはおすすめしない。

いきなりバスが止まり、憲兵かＫＧＢと思しき制服姿のいかつく眼光鋭い男たちの一団がずかずかと乗り込んできて、まっすぐに私たちのもとにやってくる。恐ろしげな口調のロシア語で何かをまくしたてる。何をいっているのかは詳しくはわからないが、どうやら「パスポートを見せろ」と要求しているらしい。

いわれた通りにすれば彼らは降りていくのだが、なかにはパスポートを没収されそうになって、面倒なことになった人もいた。そういうことがかなりの頻度で起こる。おそらく、ロシアの田舎道を走るバスに、見慣れぬ外国人が乗っていることを怪しんで、地元の人が通報しているのだと思う。そんなわけで、目指す自然保護区には、たどり着くのに3日もかかったのだった。

往復するだけで6日かかるようなフィールドなので、日本の大学や研究機関などで仕事をしている私たちが長期滞在できるタイミングはあまりない。そこで、研究者仲間で行く時期をずらし、1~2週間ほどリレー形式で滞在することにしていた。私は大学の仕事が一段落する秋に10日ほど滞在することになった。

山河も森も海もスケールが大きかった

シュールストレミングの10倍臭い肉

現地では、ツキノワグマとヒグマの両方を捕獲し、接近感知センサーを搭載したGPS首輪を付ける。この首輪は、通常は2時間に1回、居場所を衛星に通信するのだが、首輪を付けた個体同士が近づくと5分間隔で通信するようになる。つまり、ヒグマとツキノワグマが接近すれば、お互いが避けたり追いかけ合ったりする行動が把握できるわけだ。さらに、心拍数を計測できる装置を首輪に付けておくことで、クマ同士が緊張しているかどうかもわかる。

ロシアでのクマの捕獲方法はエサからして日本とは違った。どうやら私が調査に参加したのが秋だったことも大きかったようだ。日本のクマも秋になるとあんなに好きだったハチミツに興味を示さなくなり、ひたすらドングリを食べようとする。ロシアのクマも同じで松の実ばかりを食べているのだ。冬眠に備えるためだろう。ならば、松の実と同じかそれ以上に栄養価が高い食べ物をしかけたいところだ。しかも、今回は同じトラップでヒグマも捕獲したい。

そこでロシアでは動物の肉をエサとして調達した。狩りで獲ってきたり、道路で車にひかれたシカの脚を拾ってきたりしてエサに使うのである。ほかにもイルカの内臓やイノシシの脚などもエサに使われた。

ときには、浜に打ち上げられたクジラの肉を使うこともあった。こちらは腐ってドロドロに溶け、鼻がひん曲がりそうなほど臭かった。そのニオイは、世界で最も臭いといわれる発酵食品のシュールストレミングを5～10倍強烈にしたようなレベルである。腐敗にともなってガスが発生しているので、クジラのお腹にナイフを入れると、すごいニオイの液体がブッシューッと飛び散って服にかかる。私の前に調査に来たチームは、

「服にあの汁がつくと、ニオイが取れないよ」と教えてくれたので、捨ててもいいような服を着ていくことにした。手のニオイもなかなか取れないので、ゴム手袋をして、さらに隙間から汁が入り込まないようにガムテープでふさぐ必要もあった。

そんな完全防備をした上で、腐ったクジラの肉をナタで20㎝角程度の大きさのブロック状に切る。そのブロック数十個をバケツリレーのような格好で運んで冷凍庫に保管する。これを冷凍庫から取り出してトラップに入れるのである。こんな臭いものをよく食べる気になるなと思うのだが、現地の人たちによれば、「これを一番クマが食べるんだ」ということだから従うしかない。

実際にロシアのクマは腐敗したものが好きなようで、私と入れ違いにシホテアリン

に入ったチームはこのエサで捕獲に成功したようだ。

小雪舞う川で半裸のロシア人が水垢離(みずごり)に誘う

ロシアでの調査で泊まったのは、国立公園内の見回り用の小屋や、モンゴルのパオのような移動式のテントである。ここにはガスも水道も電気もないため、沢から水を汲み、薪を燃やして料理を作った。ロシアの調査をアテンドしてくれるカウンターパートのイヴァン・セオドーキンさんは、とても親切だったがドン引きするような習慣を押し付けてくることもあった。なぜだか知らないが、

「これをやらないとクマが捕まらないんだ！」と信じていて、夜に川に入ることを強要するのである。

「ロシアでは夜に川に入らされるぞ」というのは、夏に行ったチームから聞いていた。まさか秋にはやらないだろうと高を括っていた。いやはや甘かった。実に甘かった。

秋にロシア入りした私たちにもイヴァンさんは川を指さし、ロシア語で何かいい出すのである。イヴァンさんは英語が苦手だ。そして私たちはロシア語がわからない。身振り手振りと断片的に聞こえる単語から推測するに、これはやはり川に入れという

ことらしい。

10月から11月のロシア沿海州の気温は一桁である。雪も舞っている。川の水温は4℃である。正気の沙汰じゃない。

やはり、さすがにこの時期は川に入れというわけではなかった。バケツで川の水を汲んで水垢離するというスタイルだった。イヴァンさんは私にバケツを押し付けていった。

「スリー！（3杯かぶれ）」

困った。ろくに言葉でのコミュニケーションが取れないから、角を立てずに「無理です」と伝えられない。ロシアの調査はイヴァンさんの厚意で成り立っているから、彼の機嫌を損ねるわけにはいかない。

ええい、もうやるしかない！

私は水をかぶった。秋のロシアの川の水は本当にヤバかった。体に水がかかった瞬間、フラッとして危うく卒倒するところだった。冷たさで平衡感覚を持っていかれたのは生まれて初めてだ。

このように過酷な調査と願掛けが終わり、そのあとは部屋に入ったところでウォッカの酒盛りとなるのがお決まりのコースである。

イヴァンさんをはじめ現地のスタッフの多くはウォッカに目がなく、私たちに次々と振舞ってきた。しかし、そのウォッカが何だか怪しい。本来ウォッカは無色透明のはずなのに、彼らの持っているウォッカは麦茶のような茶色だったり薄い緑色だったりする。よく見ると、瓶の蓋には市販品で見られる密造防止のキャップが付いていない。

「これを飲んで、あいつは目がつぶれたんだよな」

なんて物騒な話を聞いた気がした。彼らは「ヴォドカ！」と主張するが、これはもしやサマゴンと呼ばれる密造酒ではないだろうか。

念のため、自分たちはあらかじめ店で買ったウォッカを飲むことにして、イヴァンさんのすすめるお酒はやんわりと断っていた。怪しげなウォッカがようやくなくなりそうになってホッとしていたら、彼はまたどこかから1本持ってくる。どこかに四次元ポケットでもあるんじゃないかというくらい、次から次へと出してくるのだ。そして喉の奥にブラックホールでもあるんじゃないかというくらい、出してきた瓶をことごとく飲み干していくイヴァンさんなのだった。

ロシア人の酒の強さは、日本の酒豪が真っ青になるレベルである。そう思っていたが、やはりイヴァンさんの酒量はそのロシア人の中でも桁違いだったらしい。あるとき、毎晩の飲み過ぎを国立公園の職員にこっぴどく叱られて、酒盛りは私たちの歓迎会（初日）と送別会（最終日）の2回だけになった。

このように刺激的な体験がてんこ盛りだったわけだが、私のロシア滞在中にクマは1匹も捕獲できなかった。水垢離のご利益とは何だったのだろうか。

とはいえ、シホテアリンで得られた経験はかけがえのない財産になった。ロシアのツキノワグマは、日本よりもずっと大きいが、やはり行動はほとんど同じで、木に登って果実を食べることもわかった。

また、トラのウンコを見つけるとツキノワグマの毛や爪が入っていること

もあった。それを見るたびに、

「そうか。おまえ食べられちゃったんだな……」というしみじみとした切ない気持ちになったものだ。日本にいると、クマの死体を見ることなんてほとんどないし、ほかの動物に捕食されることもまずないのだから。

なお、実際に現地に行ってみてわかったのだが、野生のトラを見るのはクマを見るより難しい。トラは非常に用心深いので、なかなか姿を現さないのである。

それでも、朝起きてテントの周りを見ると、トラの足跡を見つけることがあった。しゃがんで掌を当てるとほとんど同じ大きさである。

「やっぱりいるんだな！」

トラのいる森でフィールドワークをするドキドキ感は、日本では味わえない貴重なものだった。

ツキノワグマがトラやヒグマと共存する森。いつになるかはわからないが、また調査に行ける日が来るよう祈っている。

コラム 野生動物の心拍数までわかる時代

クマにカメラ付き首輪を取り付けて行動を把握する調査はすでに行われているが、クマの心拍数のデータを取る研究も2010年ごろから始まっている。

クマは冬眠をする大型哺乳類だが、冬眠中の体の様子は謎に包まれている。

冬眠前の短期間に大量のまとめ食いをしても糖尿病にならないのはなぜだろうか。クマは冬眠中に体温を下げずに心拍数と呼吸数を下げることで代謝を抑える。では具体的にどこまで心拍数が下がるのだろうか。

こうしたことがわかれば、人間の医療にも大いに役立つ可能性がある。宇宙開発にも役立つかもしれない。

例えば、片道6年をかけて土星に有人探査機を送り込むとする。その際、必ず問題になるのは、往復12年分の大量の酸素と食糧をどうするかだ。クマの冬眠のメカニズムを応用して乗組員の代謝を抑えることができるなら、どちらも大いに節約できることだろう。

こうした可能性に目を付けてか、アメリカでは、大学病院の心臓外科医たちが冬眠中のクマの心臓の様子を詳しく知ろうとデータを取っているのだ。私はアメリカ留学中にその様子を見せてもらったし、2012年からは日本でも同じような研究が始まっている。

このときに使うのは、人間の心拍を測るペースメーカーのようなものだ。クマを捕獲し、麻酔で眠らせている間にUSBメモリのような形状の機械を胸の皮下に埋め込んで縫い合わせておく。そして、再捕獲して機械を取り出し、記録を読み込むと心拍がわかるというものなのだ。

冬眠前に体に埋め込み、冬眠後に再度捕獲して取り出すのだが、いざ摘出しよ

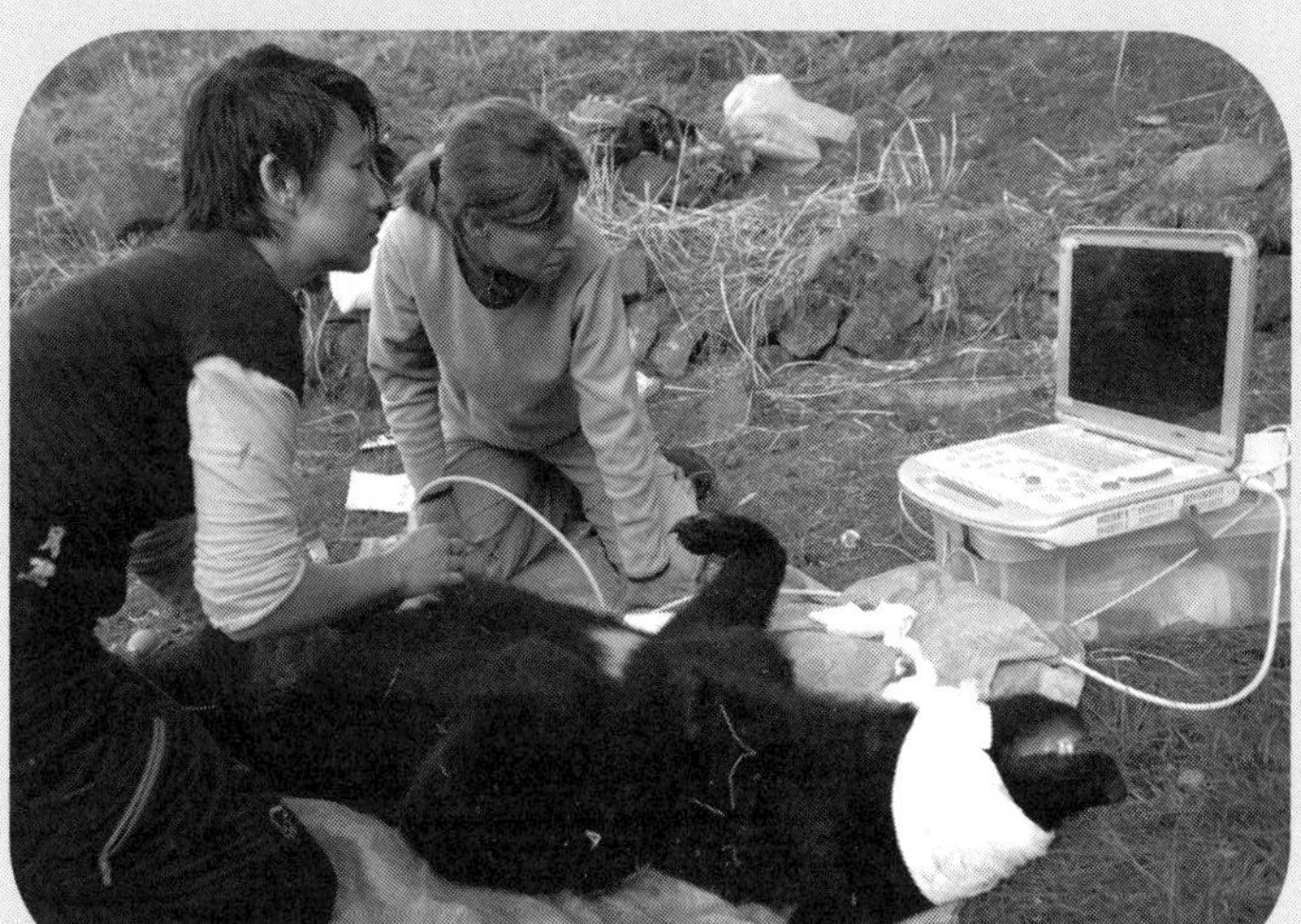

捕獲したクマを超音波検査。調査の現場もずいぶんハイテク化した

うと埋めた場所を探しても機械が見つからないことがある……いや、というかほとんどが見つからないのだ。

日本では30〜40頭に機械を入れたが、回収できたのはたった2、3個だった。獣医師にかなり丁寧に縫い合わせてもらったにもかかわらずである。

ほかはどうやら、冬眠中のクマが自らの手で縫合箇所をこじ開け、ほじくり出してしまったようなのだ。

絶対痛いと思う。体内に機械がある違和感がよほど不快なのかもしれない。あるいは、私たちが虫に刺されたところを寝ながら無意識のうちに引っ掻いて血まみれにしてしまうような不可抗力なのかもしれない。

ところで、回収できた別の様式の機械の記録を見てみると、面白いことが見えてきた。クマの種類によって心拍数の1年間の変化が違うようなのだ。

ヒグマはさほど秋に心拍数が上がるわけではないのだが、ツキノワグマの秋の心拍数はとても高い。おそらく、ツキノワグマは、かなりの短期間でたくさんの食物を、木に登ったり移動したりしながら食べているからだろう。

7章 クマ研究最前線

勤務先の東京農工大学での私の立場は2つある。1つは学生を指導する教員であり、もう1つは森林生物保全学研究室のリーダーである。

後者の字面を見て小難しいことをやっている研究室のように思われるかもしれないが、ようは、

「たくさんの種類の生物が住む森林の豊かさを守るために、動植物を研究しましょう」という研究チームである。

ところで、森林には陸上動植物の8割から9割が生息しているとされている。だから、私たちの守備範囲はおそろしく広い。昆虫や植物からシカやクマまで、ある意味で闇鍋のように盛りだくさんな研究室だ。

私はそこでＰＩ（Principal Investigator）を務めている。研究室の代表者であり、どんな研究をやるかを決めるところから、その進行と予算の管理までを取り仕切るのが仕事だ。

まあ格好よくいえば、映画のプロデューサーとか、スポーツチームの総監督みたいなものだ。偉そうなのはいいが、やっぱり英語が苦手な私が横文字の肩書きを名乗るのはおかしな気分がする。何より生粋のフィールドワーカーとしては、今までみたいに気安く森に行って研究する時間が取れないのは正直ちょっと悲しい。

しかし、考えようによっては、若くて元気な学生たちの力を借りて興味があってもそれまで手を広げられなかったテーマを研究したり、一緒にまったく新しいことに挑戦したりするチャンスでもある。実際、これまで研究室に集った若者たちは、クマについても私一人では絶対にできなかったことに挑み、たくさんの面白い発見をしてくれた。

その成果をほんの一部だが紹介したいと思う。

クマにカメラを搭載する

科学技術の発展とともに、クマの調査方法もどんどん進化している。私が学生のころは誤差が大きい割には追跡に手間暇がかかる電波発信機しか使えなかったが、そのうちＧＰＳ首輪が登場して人工衛星が格段に正確で時間のかからない調査を実現してくれた。そして、今ではカメラを搭載した首輪を装着できるようになったのである。

もともと、生き物にカメラを取り付けて、その生物の行動を探る調査は、「バイオロギング」と呼ばれている。カメラには加速度センサーも付けることができるので、映像だけでなく、移動するスピードから深さや高さまで記録できる。

バイオロギングは、最初はウミガメやアザラシなど、海の生き物を対象にすることが多かった。水中であれば、大きくて重いカメラが浮力で軽くなるので動物に負担がかからず、調査しやすいのである。また、ウミガメやアザラシは四肢が短くヒレ状なので、カメラを不快に思っても取ることができず、自力で外される心配がほとんどない。

技術革新によって小型化されると陸の動物にもカメラを付けることができるようになった。

海外ではペットのネコに装着することが多いようだ。完全室内飼育が主流になりつつある日本とは違い、海外では放し飼いが多くてネコが行方不明に

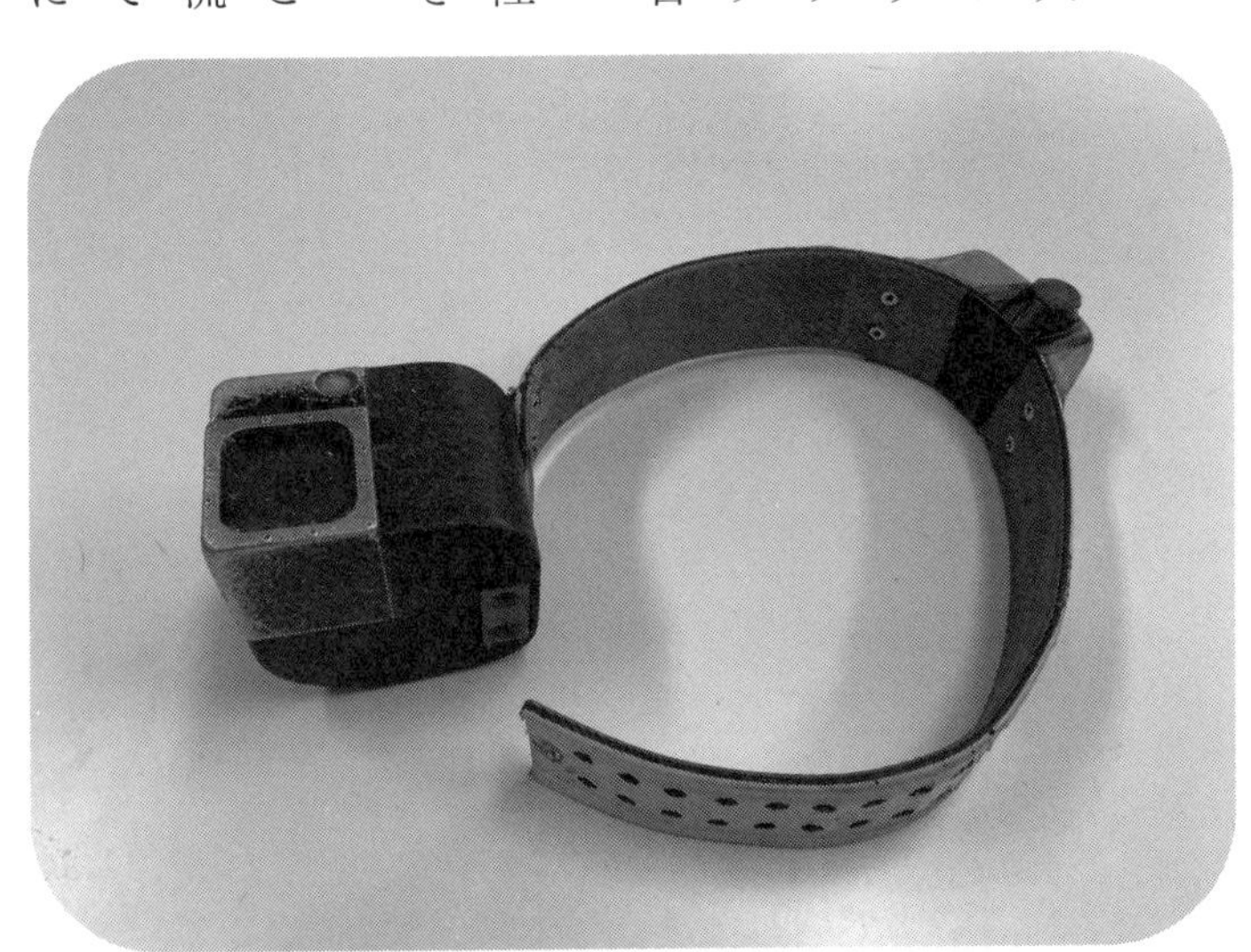

カメラ付きGPS首輪

なることがよくある。そこでカメラを搭載して行動パターンやよく行く場所を把握すれば、いなくなっても格段に見つけやすくなるというわけだ。

野生動物では、前脚でカメラを外せないのでシカによく使われている。では、クマはどうだろう。そう思い、バイオロギング用のカメラのメーカーに問い合わせてみた。

「シカ用のカメラってクマにも使えませんか？」

「いや〜、クマはシカと違って凶暴ですからね。しかも、前脚で外そうとするんじゃないですか？　もちろん装着はできますけど、壊れることが多いんじゃないかな。故障や破損があっても保証はできませんが、それでよければお使いください」

まあそうだろう。トラップ、ＧＰＳ首輪、ビデオカメラ、心拍数の記録用機械……。クマの破壊神ぶりには今までも散々泣かされてきたし、最新の高価な機械を投入するたびお星様にされてきた。

しかし、やってみないことにはどうなるかはわからないし、問題点の洗い出しもできない。そこで、メーカーでは保証はしないという条件で購入し、クマに装着することにしたのである。これが２０１４年のことだ。

最初に購入したモデルは、まだハイビジョン撮影もできず、録画可能時間も４〜５時間だった。

買った首輪は、まず奥多摩のクマに装着した。首輪はタイマーを設定して自動的に外すことができる。しかし、クマはしょっちゅう崖を上ったり木に登ったりするので、勝手に外れる設定だとどこに落とされるかわからない。カメラが録画したデータは内蔵メモリに記録される。つまり、首輪を回収しなければ見ることができないのだ。

「リアルタイムで録画データを転送したりできないの？」

そう思った人もいるだろう。ただ、データ転送は電力消費が激しいので、すぐに電池が切れてしまう。

だから、GPSでクマの位置を確認し、「ここで落とせば拾えるぞ！」というタイミングでリモコンを使って落とすことにした。

それでも、首輪は思わぬところに落ちてしまう。例えば学生がリモコンで落としたところ、首輪が崖を転がってしまい、滝の踊り場のようなところに落ちてしまったことがあった。

季節は6月の梅雨時。滝は水量が多くてとても手が出せなかった。こうなると回収作業は水量が減る梅雨明けである。問題は現場だ。どうやら沢登りやロープワークの経験がある私にも歯が立たない難所らしい。

そこで私は助っ人を呼んだ。研究室の後輩の後藤優介君である。彼はクライミング

のスキルがあって運動神経が抜群のスパイダーマンのような男だ。大学を離れてしばらくは富山県の立山カルデラ砂防博物館に勤めていたが、関東に戻ってきた。それからはお助けキャラのごとく学生をサポートし、たびたび研究室のピンチを救ってくれている。

このときも梅雨明けを待って首輪を落としたと思われる場所まで案内すると、ザイルを使ってスルスルと滝を登り、危なげもなく首輪を回収してくれたのだった。

器用な学生が蔓を伝って木を登り、上のほうの枝に引っかかった首輪を回収したこともあった。

ＧＰＳと小型カメラを搭載した高度な機械を使っているのに、上手に使いこなすには体力やクライミングのような生身の技術が要求される。そういうところもフィールドワークの面白さかもしれない。

動画を解析したらクマが寝てばかりだった件

ところで、首輪はいつの間にか外れてしまうこともある。最初に取り付けた最も古いカメラ付きタイプの首輪は、故障したのか電波を発することもなくなり、どこにあるのかわからなくなってしまったことがある。結局、調布飛行場から小型飛行機を飛ばして探し回る羽目になったのだが、見つからずじまいだった。

すっかり諦めていたころ、奥多摩でシカの調査をしている調査員から、首輪を拾ったという連絡をもらった。最初の調査から2年が過ぎたころである。時間は経っていたがデータは無事に取り出すことができた。

このように、回収するのがひと苦労のカメラ付き首輪だが、回収できてもがっかりすることが多い。取り付けた直後にレンズに泥が付いたり、落ち葉が貼りついたり、水滴が付いたりすると、ずっとブラックアウト状態で何を撮っているのかわからないのだ。

まともに撮影できていても半分ぐらいの動画は真っ暗だったりもする。穴に入っているからではない。どうやら地面に突っ伏して寝ているらしい。

「おや？　急に明るくなって画面が青くなったぞ」

そんなときはたぶん寝返りを打ったのだろう。あおむけで寝ているのか、空が見えることもある。

とにかく、クマがゴロゴロダラダラしてばかりいることだけはよくわかった。起きている時間の大部分はひたすらボーッとしていて、さっぱり何をしているのか見当がつかない。

ハイビジョンカメラで撮影できるのは十数時間。ほとんどが寝てばかりなのは、取り付けて回収する手間を考えると実にもったいない。というわけで、最近ではこの撮影できる尺をうまく有効利用できるように工夫している。例えば、30分に1回、15秒ずつ撮影するとか、朝の6時から夕方の6時の間の、00分と30分に15秒ずつ撮るなどの設定をして、尺を無駄にしないようにするわけだ。

また、クマを捕獲しやすい時期は6～7月だが、秋の行動を見たい場合はカメラを止めておいて9月から撮影できるように設定することもある。

しかし、1回の撮影時間が短すぎると、それはそれでもどかしいこともある。ちょうど撮影しているときにほかのクマとケンカを始めて、「おおっ」と手に汗握ったところで映像が途切れて、次の録画にはもう相手がいないということもしょっちゅうだ。もっと長時間撮影できればいいのにと思うが、そこは今後の技術革新に期待したい。

ちなみに、「クマに付けても故障しやすいのではないか」というメーカーの忠告は今のところはずれている。特にオスはケンカをするので、相手に機械を咬まれて故障することが多いのだが、奇跡的に私たちが使うカメラ付き首輪は故障知らずだ。

カメラ付き首輪を用いた調査のノウハウはずいぶん蓄積できてきた。回収率も6割から7割でGPS首輪が出始めたころを考えれば驚異的な数字になってきている。そして、この映像によって新発見が相次ぐのであった。

3度のメシよりメスが好き!

回収できたカメラの中には、未知の光景を撮影していたものもあった。初期のころのカメラで撮った動画は、今見るととても粗いのだが、移動するのに登山道を使い、山小屋や標識の横を通っていることなどが初めてわかった。

また、これまで木の幹についた爪痕やクマ棚から、クマが木に登ることはわかって

いたが、実際にその様子も映像で確認できた。あのずんぐりむっくりした体形からは想像がつかないくらい、ヒョイヒョイヒョイッと軽やかに登るのである。

２０１８年ごろからはハイビジョンカメラ付きの首輪も登場し、足尾や奥多摩のクマに装着して繁殖行動を観察することになった。

普段はオスもメスも単独行動をするのだが、繁殖期になると10～20ｍ先にメスの姿が見えるようになり、距離がだんだん近付いてきて、そのうちメスのすぐそばにオスが寄り添うようになる。

そしてメスが木の上でリラックスして木の実を食べているのを、オスは木の下で何も食べずに待っている。メスに逃げられないように食べ終わるまで見張っているのだ。つまり、オスは食べることすら忘れてメスと一緒にいることを優先している。食欲よりも性欲が勝っているのである。

以前から繁殖期の6～7月にクマを捕獲すると、オスが傷だらけだったり、ガリガリに痩せていたりするのには気づいていた。メスをめぐってのオス同士の戦いが熾烈なのだろうし、きっと寝食を忘れてメスを追いかけていたのだろうとは思っていた。カメラのおかげでそれがはっきりとわかったのは大きな収穫だった。

ほかにもカメラは衝撃的な映像をとらえていた。

共食いである。オスに装着されたカメラがメスを映し出したあと、子グマがオスによって食べられているさまが映し出されていたのだ。

これは、子連れの母グマと交尾するため、オスが子グマを殺しているのだ。メスが子グマを生むのは1月か2月の冬眠中で、5月の上旬の冬眠穴から出てくる時期になると子グマは2～3kgにまで成長する。そして8～9月ごろまではメスは授乳をしているのだが、6～7月の繁殖期にオスに遭遇すると、オスはメスと交尾をしたいがために子グマを殺し、メスの発情を促すことがあるのだ。

海外では0歳の子グマの死亡は8割から9割が繁殖期に発生し、その多く

がオスによる子殺しだろうと推定されている。

クマを憎む学生、クマハギの謎に挑む

昔から日本の林業従事者を悩ませてきた「クマハギ」という現象がある。言葉だけを聞くと、まるでクマが皮を剝がれることのように思われるかもしれないが、逆にクマが初夏の限られた時期に樹皮を剝ぐ現象のことをいう。

クマハギはもともと西日本でよく見られてきた。特に木材の生産を目的に管理されている人工林で起こると木材としての価値がなくなってしまうため、その地域の林業従事者にとっては大きな痛手となり、悪くすれば廃業に追い込まれることすらある。林業がさかんな四国でツキノワグマが絶滅寸前にまで数を減らしたのも、クマハギを防ぐための駆除が原因だった。

ただ、クマハギの研究については、１９８０年代で一応の決着がつき、現在は国内の林業が盛んではなくなったこともあって助成金が取りにくく、研究のトレンドとはいえなくなっている。そうはいっても、クマハギは機会があれば挑戦したいとずっと思ってきたテーマだった。

２０１４年、小橋川祥子さんという学生が私のゼミに入りたいと研究室にやってきた。動物好きなのかと聞いたが特に興味はないという。何に興味があるのかと訊ねると、

「私、林業が大好きなんです」

「え!? でもこの研究室は野生動物の研究がメインだよ。どうしてうちに？」

「私は……クマが憎いです……」

どうやら林業を愛するあまり、産業に打撃を与えるクマが嫌いになってしまったそうだ。とはいえ大量駆除するわけにもいかないから、有効なクマハギ対策を研究したいというのだ。ちょうどいい人材が来てくれた。私は小橋川さんを中心にクマハギ

林業関係者のヘイトを集めたクマハギ

を研究してもらうことにしたのである。

調査地は、東京農工大学が群馬県に所有する演習林だ。その一部を使い、クマハギの痕跡がある木が、いつやられたのかを調べることにした。

クマは、木の形成層のところまでガリガリと皮をむき、むきだしの面をなめる。しかもたちが悪いことに、ちょっと皮をむいて別の木もむいて……と「ちょいハギ」する。木の中で剝がれた場所は、周囲の樹皮によってかさぶたのように覆われていく。すると、何年も前のクマハギであっても、木には痕跡が残る。そこの部分だけを薄く輪切りにするようにして切り取ると、年輪をたどって何年前にクマハギされたかがわかるのだ。演習林は植林した時期もはっきりしているので、クマハギされた年が特定できる。

ネックは、この演習林では事故防止のため、学生のチェーンソーの使用が禁止されていることだった。ノコギリだけでは数人で検証に必要な本数を切り出すのはまず無理だろう。調査の規模を縮小しようという提案も出てきた。

しかし、小橋川さんはこの程度でへこたれるほどやわではなかった。希有(けう)な統率力を発揮してほかの学生たちを動員し、自らものこぎりを手に1600本以上を伐採したのである。

手伝ってもらいながらとはいえ、すごい本数である。そして、日本広しといえど1つの研究で1600本以上を切れるのは大学の演習林だけである。よそでそんな本数を切らせてくださいなどといおうものなら、「じゃあ全部買い取れよ」と、目玉が飛び出るような見積もりを突きつけられるに違いない。

小橋川さんたちは、クマハギのできた場所と年代をパソコンに入力して解析を行った。場所については、特にこれといった傾向は認められなかった。つまり斜面の木にも道路の近くの木にも、クマハギの痕跡は同じぐらいの割合で見つかったのである。

しかし、ドングリが凶作だった翌年の夏や、暖冬の年の初夏に多く発生する傾向にあることがわかった。また、前の年にクマハギが発生しやすかった場所は翌年も発生しやすいというデータも得られた。

この研究結果は、演習林がある群馬県で林業被害対策の参考にされることになった。ところで、どうしてクマは樹皮を剥ぐのだろうか。過去の研究を総合すると、おぼろげながら理由が推測できる。

クマハギをされた木には、クマの毛が残りやすいので、片っ端から採取して遺伝子を解析した研究者がいた。すると、クマハギをやるのは特定の家系で、しかも特定の母グマに由来する可能性が高いことがわかってきた。

そこからこんなシナリオが浮かび上がってくる。

凶作の翌年の春から夏にかけては、ドングリが地上に落ちていないので、冬眠明けのクマは十分にドングリを食べることができない。また、初夏には春にクマが食べていた木々の葉や草は硬くなってしまうので魅力的な食べ物ではなくなってしまい、山の中にクマの食べ物が一時的に少ない状態となる。そのような状態で、お腹を空かせた1匹のクマがやむを得ず樹皮を剝いで木をなめた。そのとき、

「なにこれ！甘くておいしいぞ」と、気づいてしまったのである。

それがメスだった場合、母親になったときに、子グマに「こうやるとおいしいよ」と樹皮を剝いで見せたことだろう。そしてその子どもたちの中のメスが、同じように自分の子どもに教える。こうして特定の家系にだけクマハギが受け継がれることになったというわけだ。

あくまで以上は推測である。真偽を科学的に確かめるのは難しいかもしれない。しかし事実として、クマハギをやらない母親の子どもはクマハギをやらない。これはクマの食生活全般にいえることだ。

例えば肉食もそうで、ほかにくらべてしょっちゅう肉を食べたがる家系というのがある。これもやはり母系を通じて受け継がれることがわかってきた。つまり、クマの

食にまつわる嗜好や習慣は、母から子へと受け継がれる「おふくろの味」なのである。
クマハギのように特定の母系にのみ受け継がれるような現象は、シカやサルなど群れで生活する動物では起こりえない。単独生活を送る動物ならではの現象であり、研究テーマとしてとても面白いと思う。

クマ、アへる

人間は酒を飲むとアへる。ネコはマタタビでアへる。そしてクマは針葉樹でアへる。針葉樹のどこにアへアへなエッセンスがあるのか。私たちもよく、ヒノキの浴槽に入ってその香りを楽しむし、木の香りのアロマオイルをお風呂に垂らして森林浴気分を味わったりもするだろう。どうやらクマは、そういった木の揮発性のにおいがたまらなく好きらしいのだ。

実際、マツやスギなどヤニが出ている木にカメラを設置しておくと、クマが体をこすり付けている様子が撮影できる。立ってこすっている姿は、どう見てもクマの着ぐるみを着た人間があやしい踊りを踊っているようにしか見えない。この行動を「背こすり」という。

立ってこすり、そのうち座って、寝てこすって、ダラダラゴロゴロしている。顔はとっても気持ちが良さそうで、立派な「アヘ顔」である。どうやら、ヤニでアへるのは特定の限られた個体らしいことがわかっている。やはり人間にとっての酒と同様、針葉樹はクマにとっての嗜好品なのかもしれない。

実は、クマは針葉樹を通じて個体間のコミュニケーションを取っているという説もある。普段は群れずに1頭で孤独に暮らしているが、針葉樹の香りに惹かれて集まり、そこに自分のにおいを付けることで、見えない会話をしているんじゃないかといわれているのだ。まるで人間社会における居酒屋や出会い系サイトみたいに。

「おっす！　オラ生まれも育ちも足尾の4歳オス。ニンゲンのトラップでハチミツを貪るのが趣味さ。真面目なお付き合いをしてくれるメスを募集中だヨ！」

そんな個体情報が針葉樹の芳香とともに森を飛び交っているというのだろうか。

実際にヒグマは、発情期になると背骨に沿った皮脂腺から甘いにおいのする脂がたくさん分泌される。オスはそれを背こすりによって木になすり付け、においを付けているのではないかとも考えられている。

ただし、ツキノワグマはヒグマほど発情期に脂が出てこないので、背こすりの意味は少し違うのかもしれない。どちらにせよ、今後の研究が楽しみなテーマである。

ところで、クマは針葉樹だけでなく、石油や石炭など化石燃料由来の揮発性溶剤のにおいも大好きなようだ。ペンキやシンナー、そしてクレオソートという防腐剤には目がない。山にある道路標識にはよくクレオソートが塗られているせいか、クマにかじられた痕跡をしょっちゅう見かける。クマをおびき寄せるためにわざと木に防腐剤を塗る研究者仲間もいるほどだ。

以前、私がクマから脱落させた首輪を探しに山に入ったとき、空になったペンキの一斗缶が落ちているのを発見したことがあった。

その横には、真っ青になった首輪が落ちていた。どうやらペンキが好きす

ぎて、一斗缶の中に顔を突っ込んでべろべろなめていたところ、首輪が外れたようなのだ。

いつか、ペンキが顔じゅうにべったりついた姿を見てみたいものだ。

毛を調べれば食生活が丸わかり

最新のクマ研究について語るなら、私の修士課程時代の同級生である中下瑠美子さん（現在　森林総合研究所）の業績にも触れねばならない。

それはクマの毛を原子レベルで分析して、いつ、どこで何を食べたのかを推定していくというものである。彼女は長年この研究に携わり、今や第一人者と目されている研究者である。

クマも人間も、体毛は元をたどれば食べたものの成分でできている。体毛は根元から順に作られていって、すでに生えている部分に継ぎ足されるかたちで伸びていくため、根元に近いほど新しく食べたものの成分が反映される。つまり、1本の毛を調べれば、生え始めから現在までの食生活の傾向が見えてくるというわけだ。

中下さんは、クマ牧場で私と同じ時期に実験をしていた。私がクマのウンコが出る時間を測っているとき、中下さんはクマの毛を剃りまくっていた。毛がどれくらいの期間で生えてくるのか、クマにトウモロコシを食べさせたら、その成分が毛に反映されるのはいつなのかを調べていたのである。

具体的にどうやって調べるのかというと、まず熊の毛を数十本ばかり集める。次にマスキングテープに貼ってバラバラにならないようにまとめ、5㎜間隔で切っていく。そして、その5㎜ごとの毛を質量分析計で分析するという手順だ。

とてつもなく手先が器用で根気がないとできない細かい作業である。

そこでわかったのは、クマの毛は4月ごろ生えてきて、8月か9月になると伸び終わり、翌年の同じころに抜けること、そして毛先は5月ごろの食べ物を、根本は9月ごろの食べ物を反映しているということだった。

毛を質量分析計にかけるとなぜそんなことまでわかるのだろうか。それは、毛に含まれる窒素や炭素の割合がわかるからだ。

窒素や炭素などの原子は、陽子と電子と中性子の組み合わせでできており、陽子の数で原子の種類が決まる。窒素は陽子が7個、炭素は6個だ。陽子の数が多ければそれだけ重くなるので、質量を分析すれば窒素と炭素の割合がわかる。

もうひとつ、同じ種類の元素でも、少し重さの違う「同位体」と呼ばれるものがあ

る。例えば炭素ならば、陽子の数が同じ6個でも中性子が6個くっつくか7個くっつくかで重さが微妙に変わってくる。その同位体の比率も質量分析でわかるのだ。

毛を分析したとき、植物を中心に食べていると窒素の値が低くなり、肉食気味になっていくと窒素の割合が上がっていくことがわかる。

植物の主成分は食物繊維やでんぷんで、それは最も細かくするとブドウ糖（$C_6H_{12}O_6$）になる。つまり、炭素（C）が多く含まれており、窒素は含まれていない。その一方で、肉に含まれるたんぱく質は細かくなるとアミノ酸（R-CH（NH_2）COOH）になるので、窒素（N）が含まれているし、炭素は少ない。

また、植物は光合成の回路の種類によってC_3植物とC_4植物に分けることができる。トウモロコシなどの畑で栽培されている穀物や、その穀物がいっぱい入った人間の残飯にはC_3植物が含まれており、山でクマが食べる野生の植物は、基本的にはC_4植物のみである。

このC_3植物を食べたのか、C_4植物を食べたのかは、炭素の同位体比を調べればわかる。それはC_4植物のほうが光合成で重い炭素を取り込みやすいからだ。

つまり、毛を分析してC_3植物とC_4植物の割合を調べれば、そのクマが山の中だけで食事をしてきたのか、人里に降りてきて人間の残飯や農作物を食い荒らしていたのかもわかるのである。しかも、体毛のどの位置にC₃植物を食べた痕跡があるのかを調べれば、そのクマが何月ごろに里に下りてきて人間の食べ物に手を出したのかもわかるというわけだ。

もうひとつ、クマの毛の分析からわかってきたのは、メスよりもオスのほうが肉食気味だし、同じオスでも若い個体よりも年を取った個体のほうがより多く肉を食べているということだった。おそらく、肉は森の中ではごちそうなので、クマ同士で競争した場合、どうしても体格のいい個体が勝ってしまうからだろう。

中下さんとは、一緒に奥多摩や神奈川県の丹沢の猟師の家を訪ねて、そこに飾ってある昔のクマの毛皮や剥製からも毛をもらって解析し、過去30年ほどのクマの食生活を再現するという研究も行った。

山のシカの頭数が増えてくると、クマがシカを食べられる機会も増えてくる。しかしメスは競争に負けることが多いので、オスほど肉を食べることができない。だからシカの増減にかかわらず、植物中心の質素な食生活を送る。しかし、オスはたくさん食べた肉の味が忘れられず、なかなか出会えないシカをしつこく探し回るようだ。

このように体毛を調べれば野生のクマですら食生活が丸裸にできるのである。

クマは秋の3ヶ月間で1年の80%をまとめ食いする

私が山に入り、クマのウンコを拾い続けて20年以上が経った。これまで拾ったウンコの総数は論文になったものだけで2580個。論文にならなかったものやほかの動物のウンコを含めるとゆうに3000個を超える。

そんなウンコ拾いの集大成ともいえる研究を紹介しよう。これは2003年から足尾に入り、私だけでなく学生も総動員して7～8年かけて拾った多くのウンコからわかったことである。

すでに説明したように、GPS首輪が登場したことでクマの移動距離はかなり正確にわかるようになった。首輪を付けるときには体重も測っているので、消費カロリーも計算できることになる。

さらに、禿山になった足尾はほかのフィールドよりもずっとクマを観察しやすい。食事をしているところをビデオカメラで撮影すれば、例えば植物の葉を1分間に何枚食べたかということもわかる。これで1分間の摂取カロリーが推定できるのだ。

私たちは113時間クマの食事を録画して分析し、さらにこれまでに拾ったウンコ1247個からクマがそれぞれの時期に何をどれだけ食べたのかを割り出して、1日あたりの摂取カロリーを割り出した。

クマは春や夏にはアリやキイチゴを食べるものの、効率よく手に入れることができないので、消費カロリーが摂取カロリーを上回ってしまう。

しかし秋になってドングリが実りだすと、摂取カロリーが消費カロリーを大きく上回るようになる。トータルで収支を計算してみたところ、９月から11月にかけての３ヶ月間に、１年の80%のカロリー摂取量を食い溜めしていることがわかった。

ものすごい偏り方だし、１年をかけてつじつまを合わせられる体というのもすごいものである。そして、クマにとってのドングリの凶作がいかにヤバ

形といい巻きといい、今まで集めた3000個の中で一番見事なウンコ

い事態かを再認識させられる結果である。

ところで、私たちはスマホのヘルスケア・アプリに自分の体重を入力し、位置情報と連動させることで消費カロリーを計算できる。中には食事のたびに摂取カロリーを入力してカロリー収支を客観的に把握している人もいるだろう。まさにそれと同じことが野生のクマにもできるようになったのである。最先端のテクノロジーと地道な作業の積み重ねによって。

四半世紀まじめにウンコを拾い続けてきてよかった。つくづくそう思う。

放浪するオスの行方

今、私の興味があるテーマは、オスの一生である。これまでの20年で、メスが1回に子どもを何頭産むのかや、おおよそ何年間隔で産むのかなどはわかった。つまりメスの一生についてはわかりつつあるのだ。しかし、オスの一生はまだ明らかになってはいない。

一般に、母グマから生まれた子グマは、1歳半ごろまでは母グマとともに暮らしている。メスの子グマはその後も母グマと同じ場所で暮らすのだが、オスグマは母グマの元を離れ、遠く離れた場所へと移動する。これをオスの分散という。おそらく、分散するのは近親交配を避けるためなのだろう。

これまでは、奥多摩で捕まえた若いオスグマが何年かあとに埼玉県の秩父の宿泊施設の厨房に入り込んで駆除されたなどの断片的な情報があり、一生で何㎞ぐらい移動するのかは何となく見当がついていた。

オスの分散については、現在2つのアプローチで調べようとしている。1つはGPS首輪をオスに付けて、どこまで遠くに行くのかを見るという調査である。しかし、この調査は今のところ難航している。

オスの分散の様子を見るためには、亜成獣に首輪を付けなければいけないのだが、これが実はハードルが高い。というのも、亜成獣は成長途中なので、首輪を付けているとだんだんときつくなってしまうからである。

そこでドイツのメーカー製の首輪部分が蛇腹状になっていて、成長にともなって伸びる首輪を亜成獣に装着して調査を行ってみたのだが、うまく追跡することはできなかった。クマが首輪をつかんで引き伸ばして外してしまったのか、それともバッテリー切れか。とにかく、GPS首輪での追跡は今のところ意外にうまくいっていない。

ただ、もう1つの方法である遺伝子検査ではオスの分散度合いがわかるようになっ

てきた。

足尾で20年間調査を行ってきて、そこで生まれたクマの遺伝情報はある程度蓄積されてきた。そして隣の群馬県では、農業や林業への被害を防ぐため駆除した500頭あまりのクマの遺伝情報をデータベース化している。それを足尾で集めた遺伝情報と比較するのだ。すると、足尾で生まれて群馬に渡ったオスグマが特定でき、駆除された場所からおおよその移動距離を推定できるようになった。

これまで私が調査で出会った中で、印象的なオスグマが2頭いた。そのうちの1頭は2章でも述べた、AM01、別名「バカ君」である。

このオスグマは、母グマから別れた直後の1歳半ごろに何度もハチミツ欲しさに罠に入ってわれわれを呆れさせてくれたが、3歳になると足尾から群馬のほうへと行ってしまった。今思えばそれが最初の分散だったのであろう。5歳のときにふらりと足尾に戻ってもう一度捕獲されたが、その後は行方知れずである。おそらくもう死んでいるとは思うのだが、群馬県で駆除されたという情報は入っていない。どんな生涯を送ったのか、もしやまだ生きているのか、今も気にかかっている。

オスグマの末路に立ち会ったこともあった。そのクマはMB69という名の足尾で捕獲したクマである（足尾で捕獲したクマは基本的にAがつく名を付けられるが、このクマ

は足尾と奥多摩で同時に調査をしていたときに捕獲していたため、命名が奥多摩で捕獲された個体と共通の方式になっている)。

ＭＢ69は、かつてある意味足尾で一世を風靡したオスで、足尾のクマが彼の子どもだらけになった時期もあった。クマの性成熟は3歳ごろなのだが、競争が非常に激しくてなかなかメスを獲得できない。しかし、体が大きくて強いクマは、その森でたくさんのメスに子どもを産ませることができるのだ。

ＭＢ69はそんな強いオスで、なかなかトラップに入ってくれなかったが、数年経ったあるとき足尾付近の養魚場に出たという知らせを聞いた。

「首輪の付いたクマが悪さをして困っているんだ」

地元の猟友会の人が連絡をくれた。個人的に調査をしているクマを殺すのは忍びない。しかし、これは地元の人たちの生活がかかった問題である。その土地に暮らす人たちに害を及ぼすなら、もはや選択の余地もない。罠をしかけたところ、ＭＢ69は一度罠の中に入ったようだが、うまく蓋が閉まらずに逃げてしまったそうだ。それを聞いて「うまく逃げてくれたのならそれでよかったのかもしれない」と内心ほっとしたのだが、翌日また来たところを、撃たれて駆除されてしまった。

ＭＢ69が駆除されたという連絡を受けて確認に行ったところ、すっかり痩せこけて、

歯がボロボロになっていた。その季節の足尾のクマはアリなどを食べているはずなのに、わざわざ養魚場に来るということは、おそらくほかのオスとの戦いに負けて思うように食べられなかったのだろう。

もはや山の中に彼の居場所はなく、人里に降りてこないと食べ物を得られなかったに違いない。

恐らくMB69の晩年は、オスグマの典型的な末路のひとつなのだろう。足尾で一時代を築いた強いクマの最期に、自然界の無常を見たような気がした。その姿が心に引っかかっているせいもあるのだろう。私はどうしても残り20年の研究生活で、オスの一生を明らかにしたいと願っている。

それからもうひとつ、クマがどうやって死んでいくかも知りたい。野生環境下でのクマの死に場所はメスを含めてほとんどわかっていない。森を歩いていても、クマだけでなくシカなどの大きな哺乳動物の死骸に出会うことすらまれである。森の中にシカの死骸を置いてどうなるか試したことがあったが、そのときは1週間ほどで消えた。ほかの動物が食べ、昆虫や微生物なども加わって分解されてしまうのだ。

クマはどうだろうか。どんなふうに死んでいき、死骸は誰が食べて、どんなふうに分解されるのか。いずれ見届けてみたいと思う。

コラム フィールドワークに必要なこと

藪をかきわけ、地図を読み、ときにはロープワークを駆使し、小型飛行機に乗ってウンコや首輪を拾う。そんなフィールドワークをずっとやってきて実感したのは、この仕事がまず体力勝負であるということだ。

野生動物が住む森林や山は、過酷なフィールドである。そんな環境の中で、標高差数百ｍを上り下りし、１日何十㎞も歩かなくてはならない日もある。とにかく体力なしには何も始まらない。

そしてもうひとつ必要なのがへこたれない心である。これだけ体力的にキツい思いをしても、論文に使えるデータは労力の１％程度。野帳（野外用で使いやすいように作られたミニノート）にメモした内容はほとんど使い物にならず、ウンコは思うようには拾えず、クマに高価な首輪を付けてもほとんど回収できないことすらある。

しかし、その表に出てこない体験すべてが結果的に研究に生きてくる。たとえ使えるデータが１％であっても、くよくよせずに根気よく続けるのが大切なのだ。

予想できないことが起こることもある。せっかく設置したカメラがクマに壊されることもしばしば。データは取れないし、お金が無駄になるので、とても悔しい。しかし、ハプニングこそフィールドワークの醍醐味ともいえる。グズグズと悩むよりは、「クマめ、なかなかやるな！」と笑い飛ばせるくらいの心持ちで楽しんでしまったほうがいい。

最近は研究の世界も効率至上主義になってきて、あまりにもタイパ（タイムパフォーマンス）を重視しすぎる風潮にある。そのタイパ偏重の対極にあるのが大型哺乳類のフィールドワークなのだと思う。

研究ポストの公募は論文数で評価されやすく、タイパの悪い大型哺乳類の研究はどうしても虫や魚などの小動物よりも不利になる。

しかしそれでも、この分野の研究は生態系全体を考える上では欠かせないと思っている。私自身は、タイパや将来のポストのことなどあまり考えず、森の中、山の中にいて楽しいからという一心で調査・研究を続けてきた。クマだけでなく、植物や昆虫にも興味があって、気になったらとにかく調べてみようと思った。そういった行動が、結果的に研究者としてはユニークな立ち位置になり、ニッチなところの価値が認められて居場所を得られているという実感がある。

だから、若い人には「これをやると将来役に立つのか」などとは深く考えすぎずに、興味がある分野に飛び込んでほしいと思っている。

この研究にとても大切なポイントは、なるべく先入観を持たないことである。ある程度の知識はあったほうがいいのだが、知識がありすぎるとかえって目が曇ることがある。大学1、2年生で研究室に押し掛けて

「野生動物に興味があるんです！　今から何をやっておけばいいんですか？」という学生は一見将来有望なように思える。

しかし、ゼミに入るまでそれこそテニスサークルあたりで存分に遊んで、まっさらな頭で研究室に入ってきた学生のほうが、案外ホームランを打つことが多い。森の様子をニュートラルな目で見ることができるからだ。

さまざまな分野の人と話をしたり、違う分野の調査についていったりすることも大切である。同じ山でも違う分野の調査だと着眼点が違う。これがいい刺激になって、研究テーマや研究デザインのアイデアの源となることが多い。

もうひとつ、忘れてはいけないのが、データ整理の大切さである。フィールドに出ればとても体力を使うし、終わったあとにご飯を食べて酒を飲めば、もう達成感でいっぱいになって何もしたくなくなる。それが落とし穴なのだ。どんなに疲れていても、

データの整理はその日のうちに済ませておくことを強くおすすめしたい。

例えば、私はフィールドで起こったことを野帳にメモするが、そのメモは時間が経てば経つほど自分でも意味がわからなくなってしまう。また、森を歩いていると不意に次の研究テーマや研究手法などについて面白いアイデアが浮かぶものだが、そのアイデアはすぐに抜けていってしまう。しかも、この妙案が消えるスピードは年を取るほど早くなる。だから、思いついたらすぐにメモをし、それをすぐにどこかにまとめておかなければいけない。山梨の山中でテントに泊まりながら調査をしていたころも、夜はせっせとデータ整理をしていたものだ。

ちなみに、若いころの私は野帳をよくなくした。せっかく書いたメモを、例えば調査最終日になくしてしまったとなれば、ダメージは相当大きくなる。だから、帰る途中でコピーを取るとか、最近ではスマホで撮影しておくなどして、バックアップを取るのが習慣になっている。

自分でこうして書いていてはたと驚く。思えばあのお気楽な学生がなんと周到になったことか、と。

そうそう、私のいうことなど忘れて何度も失敗すればいい。自分で経験して学べば、人は変われるのだ。

8章 クマさんのウンコと森を想う

最後にもう一度聞きたい。

もしも、あなたが森の中で大きなウンコに出会ったらどうするだろうか？　それがクマのウンコだとしたら。

その意味を考えるために、まずはとある実験のことを紹介したい。

この実験を通じて、多くの動植物の関係性が森林という場所を作っていく巨大なプロセスをほんの一部分だが垣間見たように思った。

私の顔に引っかかったこのクモの糸一本、足元に踏み締めた枯れ葉の一枚に至るまで、何かの意味と役割があって存在し、必然でもあれば偶然でもある。とてつもなく巨大でとてつもなく深い営みに心が震えた。

ところで、その実験とは、森にクマのウンコを放置してひたすらストーキングするというものである。

森のウンコ・ストーカー

あれはまだ博士論文に向けた研究を進めていた20代の終わりのころだった。私はたびたびほかの人からこんな質問を受けていた。

「1個のウンコには何千粒もタネが入っているっていうけど、それって全部発芽するの？　沢に流されたりネズミに食べられたりするだろうから、ほとんど発芽しないかもしれないよね」

だとしたらクマは種子散布に役立っていないかもしれない、と、そういいたいのだろう。当然の疑問だ。当然なのだけど、なんだか推しのアイドルを冷やかされたかのように嫌な気分だった。

「そんなはずはない！　クマさんはすっげえ種子散布者なんだぞ」

そう叫びたくなるほど、クマへの愛着と種子散布能力への確信が強くなっていたのだ。なのに私の答えはいつもこうだ。

「いやあ、まだよくわかっていないんですよね……」

なんというヘタレっぷり。自分が嫌になりそうだ。だから決意した。

「そこまでいうなら見届けてやるよ。ウンコが森に産み落とされて中のタネが発芽するまでのプロセス全部をな。一部始終ストーキングすれば文句ないだろ」

こうして私は奥多摩の山中に自動撮影のカメラをセットし、その前にクマのウンコを置いてどうなるかを観察することにしたのだった。

カメラの前に置いたのは、「ヤマザクラのタネを100個」など決められた種類と数のタネをクマのウンコのどろどろ部分に埋め込み、重さを100gに揃えた、ハンバーグのような人工ウンコだ。これはクマ牧場でクマの脱糞を待ちながらせっせと作っていたものである。

なぜ天然物を現地調達して使わないのか。すでに見てきたように、野生のクマのウンコは基本的にレアアイテムであり、一日森を歩いても拾えないこともある。そんな供給不安定なウンコ頼みで実験を進めるわけにはいかないだろう。

しかも、天然物のウンコの中に入っているタネは、種類も数もバラバラである。実験をやるならそこもちゃんと条件を揃えなければならない。人工ウンコはそのあたりのコントロールができるし、ギミックを仕込むのも容易だ。

動物のウンコはまず糞虫がエサとして持っていくのだろうという目星はついていた。学部生のころからウンコを拾い続けてきて、拾ったウンコに糞虫が混ざっていたのはたびたび目にしてきたからだ。ウンコ回収のときは袋を破られないように糞虫を取り除く。そのとき昆虫好きの私は糞虫を逃さず、持ち帰ってコレクションしてきたのだった。だから、クマのウンコに集う糞虫の種類もなんとなくわかっていた。

なお、糞虫というのは動物のウンコをエサにする虫の総称である。糞虫の中で最もよく知られているのは、ウンコでボールを作って転がして運び、その中に産卵するフ

ンコロガシだが、ほかにもたくさんの種類がある。例えば動物がしたウンコにそのまま産卵するものや、ウンコの下や周りに穴を掘ってそこに産卵したりするものなど、ウンコの使い方ひとつとってもタイプはさまざまなのだ。

そして、山には糞虫のほかにもクマのウンコを食べる動物がいる。私が山を歩いているときに気づいたのだが、クマのウンコがあったであろう場所の周囲の木の根のちょっとした隙間に、タネが集められていることがよくあった。これはきっとリスやネズミなどのげっ歯類の仕業に違いない。

げっ歯類に食べられたタネは発芽しない。しかし、貯めこまれたタネが食

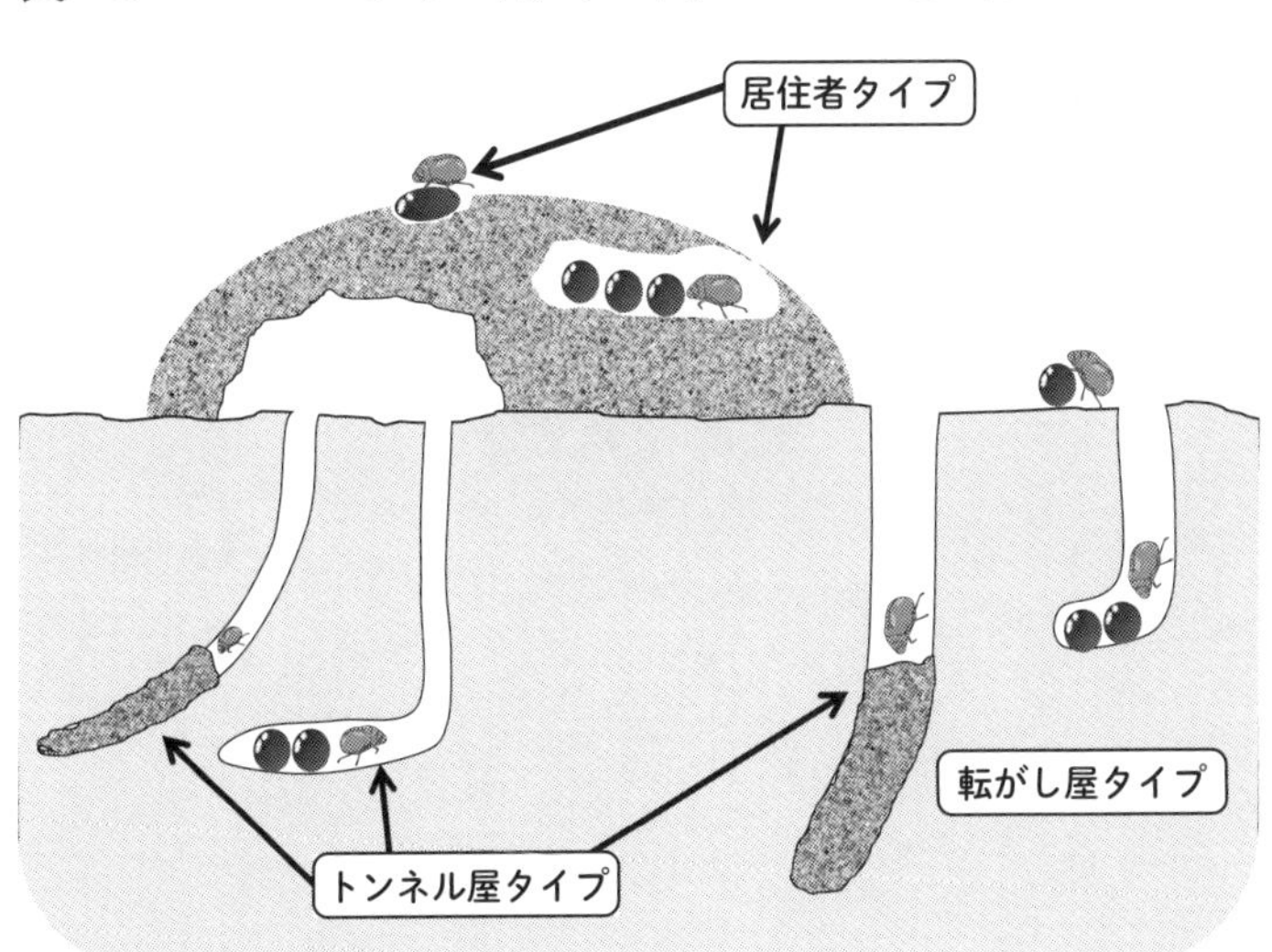

糞虫のウンコの利用様式の模式図

べ忘れられてしまうと発芽するかもしれない。では、糞虫はどうだろう。土の中の巣にウンコを運んでいったら、その中に入ったタネも発芽するのではないだろうか。

というわけで、人工ウンコの前にカメラを置いた。すると、ウンコを置いて5分もしないうちに糞虫がやってきた。いったいどこで監視しているのだろうか。その嗅覚には驚くしかない。

カメラで撮影された写真を見ると、ヒメネズミやアカネズミなどのネズミや鳥類もやってきてウンコの中のタネを持ち去っていくことがわかった。

また、ウンコの置かれた時間帯によって、寄ってくる動物が違うこともわ

かった。昼間は糞虫や鳥類がやってきて、夜になるとネズミに持っていかれることが多くなる。脱糞のタイミングもタネの行先に関わってくるのだろう。

変わらないのは、ウンコを置いたらすぐに動物たちがやってくることだ。

クマ学者ですが糞虫の実験します

ウンコを持ち去る犯人が判明したら、次は動物がどれくらいウンコの中のタネを持ち去るのか、そしてどの動物に持ち去られると最も発芽しやすいのかも知りたくなった。そこで、タネだけを地上に置いたもの、タネ入り人工ウンコをそのまま地面に置いて糞虫とネズミの両方がアクセスできるようにしたもの、糞虫だけがアクセスできるようにしたタネ入り人工ウンコ（ウンコを１㎝四方の網で覆う）、そして糞虫もネズミもアクセスできないタネ入り人工ウンコ（ウンコを１㎜四方の網で覆う）の４つの条件でくらべてみることにした。

このとき、人工ウンコ内のタネにはペンキで色を付けてマーキングしておいた。これはもともと森に生えている木の実と、人工ウンコ内のタネの区別を付けるためである。ネズミや糞虫によって人工ウンコ内のタネが運ばれ、それが発芽すれば芽の周りに色の付いた殻が落ちているはずである。

こうして夏から秋に人工ウンコを仕込み、翌年のゴールデンウィーク明けの芽生えの季節に発芽をチェックする。

1人では大変なので、後輩の森本英人君を誘って手伝ってもらった。前の年にウンコを置いた場所の半径10ｍ以内でペンキのついた殻を2人1組で探し回る。殻の直径は1㎝もない。

皆さんは運動場に落としたコンタクトレンズを探したことがあるだろうか。発芽チェックはあれに近い作業である。這うような姿勢で長時間、地面をじっと凝視しながらタネの殻と芽を探し回るのだ。無理な姿勢で不自然なところに力が入り続けるから、とにかく体の節々が痛かった。

また、桜やドングリの芽がどんな形をしているのかを現地に行ってすぐに判別しなければいけないので、以前山から持ち帰った木の実を研究室で土に埋め、発芽させてその芽を押し葉標本にして山に持っていく。

タネがどこに持っていかれたのかも探すため、土の中を掘り返して、中に埋められたタネも探した。ちなみに、人工ウンコは3年かけて25個置いて、1個分のウンコに入ったタネの芽生え調査には半日かかった。

さらに、糞虫は本当にタネを運ぶのかも調べることにした。これで糞虫によって運ばれたウンコの中のタネが発芽できるのかどうかがわかる。そのために、自作した「埋め埋め装置」を使って実験することにした。

この装置は、塩化ビニルの筒を土に刺し、地面にウンコと私が飼っていた糞虫を置いて、上をメッシュの布で覆ったものである。しばらくすると、糞虫は土にトンネルを掘ってウンコを地中に運び込む。その後、トラップを土ごと引き抜き、半分に割ると、糞虫が掘ったトンネルの深さがわかるという仕組みだ。

「これはわざわざ森に行かなくてもできるんじゃないだろうか……」

そう思って最初は大学の研究室でバケツに土を入れて装置をしかけてみた。

しかし、それでは土の硬さが森の土とは違うので、糞虫の掘る深さが変わってしまうのである。森の土壌はとても複雑だ。腐った葉や動物の死骸などが表面にあり、それらが微生物などによって分解されたものが下に下に何層も積み重なっていく。ここで生きてきた動植物が時間をかけて積み上げてきた歴史みたいなものだ。再現するのはとても難しい。

どうしても自然に近い土壌でデータが取りたかったが、研究室では無理だとわかった。面倒だけど飼っていた糞虫と装置を山に持っていき、装置を埋めて観察すること

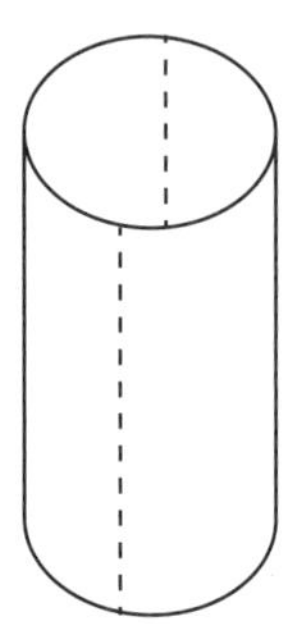

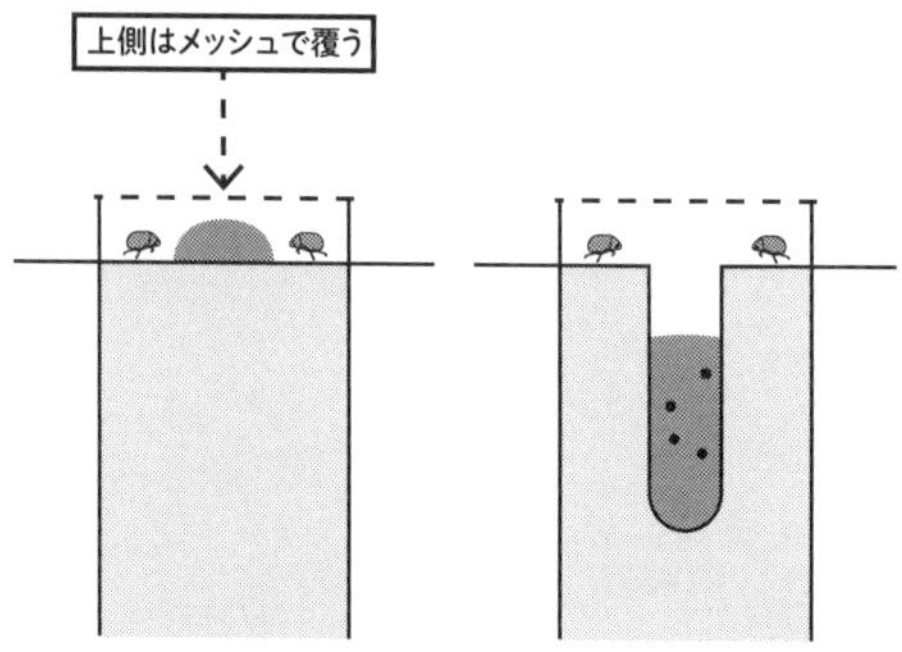

①塩ビパイプを縦に2つに切る

②塩ビパイプを元の形に戻して地面に埋め込み、中にタネが入ったクマのウンコと糞虫を入れる

③糞虫がウンコを埋め込む

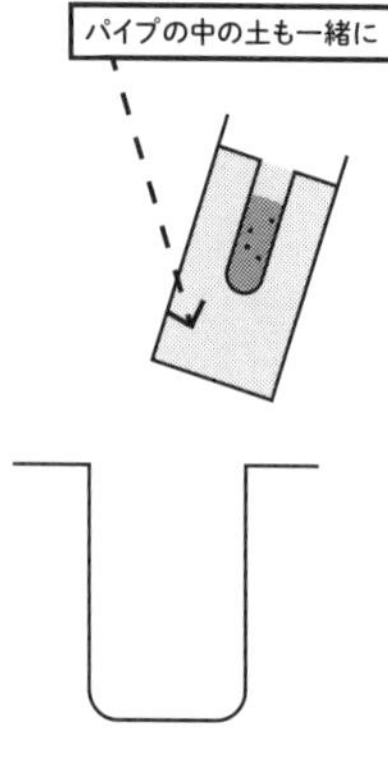

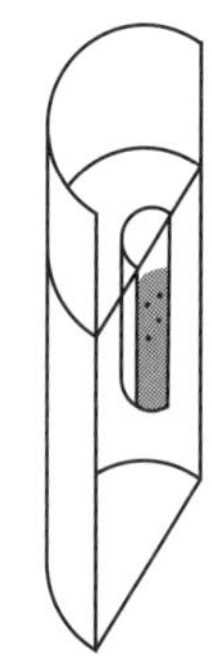

④塩ビパイプを中の土ごと地面から引き抜く

⑤塩ビパイプを切れ目に沿って2つに分ける

⑥糞虫が作ったトンネルの深さや、タネのある場所の深さを測る

塩ビパイプを使った「埋め埋め装置」。直径 25cm、長さ 40cm。
土が入ると結構ずっしり

にしたのである。

こんなふうに手間と時間がかかる実験は、博士課程修了後も続いた。

そして大学教員になったあとの2012年、ようやく論文を発表した。人工ウンコを作り始めてから数えて実に7年がかりの研究だった。

クマさんのウンコは手分けして運ぶのがベスト

一連の実験でわかったのはこういうことだった。

まず、クマがウンコすると、糞虫やネズミなどの動物がやってくる。糞虫はウンコを巣に持っていってエサとして蓄える。ネズミの目的は、ウンコ内の果物のタネを食べることだ。

ネズミはタネを食べてしまうのだから、ウンコを糞虫だけに運ばせたほうが植物にとってはありがたいのではないか。それがそうでもないらしい。

もしネズミによってタネが一切持ち去られない状態で糞虫がウンコを巣に運び、そのタネがすべて発芽したらどうなるか。たくさんの芽がそこの土壌の栄養を奪い合い、悪くするとすべて共倒れになるかもしれない。

つまり、ウンコの中のタネは、ネズミによってある程度間引かれたほうがいい。

そもそも、糞虫がウンコを巣に持ち帰っても、巣の中に運ばれたタネはすべて発芽できるとは限らない。タネからはもやしのような形の芽が出るが、そのもやし（胚軸）の長さよりも深いところにタネを埋められると発芽できないのだ。

そして、その胚軸の長さは植物種によって違う。園芸で植物のタネを植えるときに種類によって埋める深さが違うのはこういうことなのだ。糞虫はウンコを巣の奥から貯蔵していて、ウンコが溜まっていくにつれて浅いところ

にもウンコが埋められる。タネはその埋められた深さがちょうどよいものだけが発芽できるのだ。

では、ネズミはというと、ウンコの中のタネをその場で食べるだけでなく、別の場所に持っていって貯めておくという習性もある。普通なら貯め込んだタネを少しずつ食べていくわけだが、貯めたタネを食べそびれたり、貯めた場所を忘れてしまったりすることもある。中にはそこで発芽するタネもある。つまり、ネズミも種子散布にある程度貢献しているのである。

というわけで、糞虫とネズミは、クマのウンコの中にある種子を散布するには両方とも必要で、どちらが欠けても植物にとってはあまりよくないということがわかったのである。

最初はクマの種子散布能力を証明したい一心だった。しかし、実験が終わるころ、精妙に絡み合う動植物たちの営みが積み重なって巨大な森を形成していく様に、震えるような感動を覚えたものだった。

「森すげえ！　クマすげえ！　ウンコめちゃくちゃすげえ！」と。

ところが、そんなクマへの世間の印象は決してよくなっているとはいえない。豊かな日本の森も少しずつ変わりつつあるのを感じている。

もっとクマを知ってほしい！

山村や里山の衰退によって野生動物が人里に下りてくることが増えてきた昨今、クマに対する人間の意識も変わってきているように思う。

クマが人間を襲い、それがニュースになれば、人びとは、クマは怖い、クマは嫌いだ、と思うようになる。しかし、多くの人はヒグマとツキノワグマの区別がついていない。区別がついている人の多くも本州にヒグマがいると思っている。

だから、北海道でヒグマが人間や家畜を襲えば本州のツキノワグマまで嫌われるし、ツキノワグマが登山客と遭遇事故を起こせば北海道のヒグマまで怖がられる。

そして、特にテレビの報道はどうしても視聴者の関心を惹かなければいけないので、事実を伝えるよりも話を大袈裟にして恐怖心に訴えてしまいがちだ。すると、人々の間に「クマは人間を殺して食べる恐ろしい動物だ」という偏ったイメージが浸透してしまう。

もうひとつ、日本の林業は今、衰退傾向にあるが、海外の木材が高騰（こうとう）すれば再び盛んになるはずであり、そうなるとクマハギもまた問題になってくるだろう。このような背景から、今後は今以上にクマを駆除しろという風潮が高まっていくのではないだろうか。

私たちが気づいたときにはすでに九州のツキノワグマは絶滅し、40年以上前の駆除の結果、四国には10頭か20頭しか残っていない。四国のツキノワグマを絶滅させないため、ほかの地域からクマを移入させる再導入も検討されている。しかし、地元の人にアンケートを取ると「クマは家から100㎞くらい離れた場所ならいてもいい」と回答される。四国の中で100㎞離れた場所というと、往々にしてそこは四国ではない。

四国の人にとってはクマとは接点がなく、事故だって40年近く発生していない。それでもクマにはネガティブな印象があるのだ。そのような中で頭数を増やそうとしても、地元の人にとっては何のメリットもない。そこに生態系保全のやりにくさを感じている。

これは四国だけに限らず、全国ほかの地域でもそうである。私が山梨でクマの調査を行っていたときも、地元の人はクマに対して特に無関心であった。この無関心がクマの生息にもじわじわと影響を及ぼしているように思うのだ。

だから、私はクマのことをもっと研究して謎だった部分を明らかにしていきたい。クマの生態がもっと明らかになり、それが多くの人に知られていけば、人間はクマを必要以上に怖がることも嫌がることもなくなっていき、クマと人間がなるべく干渉しあわずにすみ分けながら暮らしていけるようになると思っている。

クマを滅ぼすシカ

さらに日本の森林で問題になっているのが野生のシカの急増である。

国を挙げて駆除に乗り出したおかげで増加の勢いは何とかおさまったが、決定的な解決策が打ち出されているわけではない。何もしなければまたすぐに増えてしまうだろう。

シカのせいで日本の山地や森林の風景は一変してしまった。かつて森の下草として生い茂っていたササもすっかりなくなってしまったし、貴重な高山植物も食べ尽くされてしまった。そのせいで、藪の中で暮らしていた昆虫や鳥がいなくなり、生態系には大きな影響が出ている。

クマも例外ではなく、例えば丹沢ではこの40年でクマの食生活が変わり、以前は食べなかったものを食べるようになった。

カナダでは、もともとシカのいなかった大西洋側のある島に人間がシカを導入した

ことで、シカが大増殖した。その結果、もともと島に住んでいたアメリカクロクマが絶滅してしまった事例がある。

そこのアメリカクロクマは秋に地面になったベリー類を食べて脂肪を蓄えて冬眠していた。ところが大増殖したシカにそのベリー類を食べつくされ、冬眠ができなくなって数を減らしてしまったのである。

日本では秋にクマは高い木になるドングリを食べるので、シカが増殖してもすぐに食糧不足に陥ることはないだろう。

しかし、ドングリを実らせるブナ科の木々もいつかは寿命が尽きて枯れる。シカの増えたところでは、新たな芽生えすら食い荒らされてしまうため、次世代の木が育たない可能性が高まっている。そうなると、いつかは森林が縮小して日本のクマも絶滅してしまうのかもしれない。

なお、ヒグマはツキノワグマとくらべるとシカを襲って食べることが多いが、やはり食べ物の中心は植物なので、ツキノワグマと同じ道をたどる可能性が高い。森の衰退はヒグマにとっても深刻な事態なのである。

いずれにしても、森の恵みが小さくなれば、ヒグマもツキノワグマも食べ物を求めて人間がいる場所に出て来ざるをえない個体が今より増えることだろう。

過疎化でクマとの遭遇が日常化

世界のクマは基本的に数が減少傾向にあることはすでに書いたが、日本のツキノワグマも近い将来絶滅してしまうのだろうか。そう聞かれることも多いのだが、私は逆にむしろ当分は増えていくのではないかと思っている。日本の山村で過疎化が進んでいるからである。

昔から、人間と自然とは競り合って暮らしてきた。人間が森を切り開き、開拓して田畑を作ってきた結果、森は減少して森の生き物は狭い範囲に押し込められてきた。

近代化によるここ150年ほどの開発によって、かつての生態系が壊されたことで、日本の環境保護運動はもっぱら「失われてしまった自然を取り戻そう」という方向に流れがちである。その考えは間違っていないのだが、人々の中に「自然は無条件にやさしいもの、すばらしいもの」という意識が根付いてしまい、それ以外の自然観が受け入れられにくくなっているような気がする。

今、日本では高齢化が進み、耕作放棄地が増えている。耕作放棄地が森に戻れば野生動物は山から人里の近くまで簡単に近づいてこられるし、高齢者ではその野生動物とは戦えない。だから、野生動物の生息する範囲はどんどん広がってきているのだ。

人間と野生動物はこれまでもずっと陣取り合戦を続けてきて、戦後50年くらいは人間が優勢だったが、現在は劣勢になって撤退し始め、そこに野生動物が進出している。これが日本の現状だと私は思っている。人間の陣地が減るということは、私たちの食料を作る大切な農地が減るということでもあり、都市に住む人にとっても決して他人事ではない。

豊かな時代が続くのはいい。しかし、野生動物と私たち人間は、ある意味で今も生存をかけた真剣勝負のさなかにあるのだ。

では野生動物を滅ぼすのが人間のためになるかといえば、それももちろん違う。これからは、シカやクマは数が少ないからただ守っていく存在ではなく、増えすぎないように管理して、緊張感を持って付き合っていくべきというのが私の考えだ。

クマについては四国のように数が減っている地域はあるものの、日本全体で見れば中期的に増える流れにあると思う。これまでのクマは人間に会うのを嫌い、めったに姿を現さなかった。しかし、里や町に近い場所で暮らすようになれば、もはや人間を警戒しなくなるだろうし、むしろ簡単に手に入る豊富な食糧に誘惑されてどんどん人里に下りてくることだろう。

そのころには、私たちが山中に入るときに付けているクマよけの鈴は、役に立たなくなるかもしれない。2章で書いたように、これはクマが人間と会いたくないという気持ちを利用した手段である。一部の観光地などで見られる人間の食べ物を強奪するシカやサルのような個体が現れれば、逆効果になってしまうだろう。

私が2011年にノルウェーに留学した際に、「日本ではクマよけに鈴を身に付けるんだ」という話をすると、現地の人たちに「とんだ命知らずだね」と笑われたことがある。

ノルウェーでは森の中で鈴を付けた羊を放牧している。それは鈴が鳴ることでどこに羊がいるのかがわかるようにするためだ。その羊をノルウェーのヒグマは食べる。つまり、ノルウェーのヒグマは鈴の音が聞こえれば食べ物がそ

クマの分布（北海道はヒグマ）

日本クマネットワークの報告書より

濃い部分はクマが2000年代以降に分布を広げた地域

こにあると認識するので、積極的に襲いかかってくるというのだ。
状況が変われば鈴の意味も変わる。いつか日本のクマが人間に近づいたほうが食べ物にありつきやすいと学習してしまえば、クマよけの鈴が役に立たなくなってしまうかもしれない。

野生動物の調査を行っていると、彼らがつくづくしたたかだと感じる。私たちは動物のことを知っているつもりなのだが、それ以上に彼らは常に人間の様子をよく見ていて、隙あらば人間の陣地に入り込んでやろうと考えているに違いない。

ちなみに私は、クマは森の中になら何万頭いてもいいと思っている。増えすぎたらエサが足りなくなって淘汰され、当然共食いだって起こるだろうし、生態系の中で辻褄が合っていくはずだ。大切なのはクマを増やさないことではなく、山からクマを出さないことだ。

クマが森の中で食べてきたものより魅力的な食べ物を森の中やその近くに放置せず、ゴミは動物がアクセスできないように管理して、藪の刈払いをするなどして山林の管理を怠らず、野生動物と人里をしっかり分けて不測の遭遇を減らしていく……。一発で問題を解決する方法というのはこの世にほとんどなくて、状況を良くするには日々の地道な積み重ねしかない。

私の研究しかり。野生動物と人間の関係も例外ではないと思う。

ある日、森の中でクマさんのウンコに出会ったら

学生時代から四半世紀、時間があれば森に入り、森とは何かを考えてきた。森は多様な生物の住処であり、ゆりかごのような場所である。私自身にとっても楽しくて行き詰まったときには気分転換ができる場所である。とにかくいるだけでほっとするのだ。

研究者としては、森の複雑さに興味が尽きない。世界中の誰も知らない森林のメカニズムや生物同士のつながりをひとつひとつ解き明かしていくことには、まるで推理小説を読み進めるような楽しさを感じる。

森に住むすべての生き物は、ほかの生き物と関係しあって生きている。動物が植物のタネをばらまき、花粉を運び、葉を食べる。木々の間であたりを見回すと、鳥がイモムシを食べているのが目に入る。鳥がいるからこそイモムシが大量発生しない。

森で動物がウンコをすればすぐに糞虫が飛んでくるし、死骸はほかの動物が食べて片付ける。そうでなければ、森はウンコと死体だらけになってしまう。すべてが偶然

に、絶妙なバランスでつながっている。そのつながりこそが森だと思う。

それぞれの生き物は、ほかの誰かのために働いているわけではない。しかし、それぞれが生きるために活動すると、バラバラな営み同士が連鎖して結果的に森が維持されていくのだ。

そんな森の中で、クマは植物の種子を遠くまで散布することがわかってきた。最近の研究では、シカが死ぬと真っ先に食べにくることが、すなわち死体を処理する役割も担っていることがわかってきている。その死体もウンコになり、糞虫によって巣に埋められて肥沃（ひよく）な土壌となる。こうしてシカの体は死して森の一部となり、生命を循環させていくのである。

もし、クマが森からいなくなればどうなるのだろう。木は寿命が長いので、すぐに環境が激変することはないだろう。それでも長い目で見れば、森の景色は変わっていくに違いない。

では、クマのウンコは森にとってどういう存在なのだろうか。

私は「お宝」だと思う。いつ出会えるかわからないうえに、とてつもなくデカい。ネズミや糞虫などにとっては「これで冬が越せるわ！」と小躍りしたくなる突然のボーナスのような存在である。

人間の世界でいえば、札束や金塊の山に「ご自由にお取りください」と張り紙がしてあるような状態、あるいはウシ1頭分のステーキがドーンと置かれているような状態なのではないかなと思っている。

クマのウンコを眺めていると、森の中には無駄なものはなにひとつないことを実感する。さまざまな生物が森に集い、ウンコや死体などを食べ合い、意図せずほかの種族が繁栄するための手助けをする。それぞれが複雑に関係しあって森の現在を支え、次代につないでいくのだと感じる。

最後に皆さんにお願いがある。

ある日、森の中で巨大なウンコに出会ったら、どうか喜んでいただけないだろうか。森の豊かさを象徴するクマがそこで生きていることに。

そして、森の生き物たちとともにクマの脱糞を祝福してほしい。クマがひり出したのは、多様な動植物の糧であり、この森の明日なのだから。

糞虫たちの羽音に乗って未来の命が奏でる歓喜の歌が聞こえる。

私は今日も森でウンコを拾う。

おわりに

私の研究人生や、それを通じてわかってきたクマの生態について書き連ねてきた。私はこれまでも何冊かの本を書いてきたが、もともと生態系やクマに興味のある人に向けたものだった。

しかし研究生活を通じて、もっと広く一般の人にもクマのことを知ってもらいたいという気持ちが高まってきた。

多くの人がクマのことをあまり知らないし、はっきりいってどうでもいいと思っている。それは研究者としては悲しいと同時に、仕方ないことだとも思っている。現状を嘆くよりも、どうすれば興味を持ってもらえるか試行錯誤しながら、多くの人に向けて発信していきたい。もっとクマのことを知ってもらう機会を増やして、少しでも広く野生動物の問題を社会全体で共有していきたい。

それで今までお世話になった人たちや、研究を助けてくれたクマたちへの恩返しができればいい。

だから、今回は少しでも多くの人に手に取ってもらえるような本を書くことにした。若いころのことなど、恥ずかしい話も多々あるが、それも含めて私の研究人生である。どんなきっかけであれ、この本を読んで、皆さんが少しでもクマに興味を持ってくれたら大成功なのだ。

振り返ってみればこれまで出会ってきたすべての人々のおかげで今の自分がある。誰が欠けても、現在の自分の姿はないかもしれない。特に、大学で森林や野生動物のことだけでなく、今思えば人生観を教えていただいた古林賢恒先生、クマと関わるきっかけとなった株式会社野生動物保護管理事務所の元社長の羽澄俊裕さん、20年以上にわたってともにクマを追っかけてきた東京農業大学の山﨑晃司さんには本当に感謝している。

また、足尾での調査では、地元の羽尾伸一さんに私たちのことをいつも気にかけていただいている。おかげで、何とか今まで調査を続けてこられた。

この本を書く提案をくださった辰巳出版の斎藤実さん、執筆にあたり何かとサポートをいただいた編集の今井明子さん、美しくて元気が出る装丁デザインをいただいたデザイナーの佐藤亜沙美さん、クマへの愛がいっぱいのすばらしいイラストを描いていただいた帆さんに、この場を借りてお礼を申し上げる。

最後に、キャンプやスノートレッキングに行っても、動物のウンコを見つけるたびに、「これはテンの糞で、中身はサルナシの果実だね」といった世間一般の家族の会話とはまったく異質な会話に、「へー、そうなんだ」と笑顔で反応してくれる家族には心から感謝している。いつもありがとう、と言いたい。

研究に協力してくれた
すべてのクマさんに
感謝！

著　者　略　歴

小池伸介

ツキノワグマ研究者。東京農工大学大学院グローバルイノベーション研究院教授。博士（農学）。専門は生態学。主な研究対象は、森林生態系における植物─動物間の生物間相互作用、ツキノワグマの生物学など。現在は、東京都奥多摩、栃木県、群馬県の足尾・日光山地においてツキノワグマの生態や森林での生き物同士の関係を研究している。1979年、名古屋市生まれ。著書に『クマが樹に登ると』（東海大学出版部）、『わたしのクマ研究』（さ・え・ら書房）、『ツキノワグマのすべて』（共著・文一総合出版）、『哺乳類学』（共著・東京大学出版会）など。

イラストレーション　帆
ブックデザイン　佐藤亜沙美
D　T　P　谷村 凪沙、酒井好乃（I'll Products）
校　正　大島善徳
編集協力　今井明子
編　集　斎藤実（辰巳出版）

ある日、森の中で
クマさんのウンコに出会ったら
ツキノワグマ研究者のウンコ採集フン闘記

2023年7月10日　初版第1刷発行

著　者　小池伸介
編集人　宮田玲子
発行人　廣瀬和二
発行所　辰巳出版株式会社
〒113-0033
東京都文京区本郷1丁目33番13号　春日ビル5F
TEL：03-5931-5920（代表）
FAX：03-6386-3087（販売部）
https://tg-net.co.jp
印刷・製本所　中央精版印刷株式会社

　ISBN978-4-7778-2982-8